农作物病虫害原色图谱丛书

水稻病虫害原色图谱

彭　红　朱志刚　主编

河南科学技术出版社
·郑州·

图书在版编目（CIP）数据

水稻病虫害原色图谱 / 彭红，朱志刚主编. — 郑州 : 河南科学技术出版社，2017.6（2017.12重印）

（农作物病虫害原色图谱丛书）

ISBN 978-7-5349-8366-5

Ⅰ.①水… Ⅱ.①彭… ②朱… Ⅲ.①水稻−病虫害防治−图谱 Ⅳ.①S435.11-64

中国版本图书馆CIP数据核字（2017）第018654号

出版发行：河南科学技术出版社

地址：郑州市经五路66号　　邮编：450002

电话：（0371）65737028　65788613

网址：www.hnstp.cn

策划编辑：周本庆　陈淑芹　杨秀芳　编辑信箱：hnstpnys@126.com

责任编辑：田　伟

责任校对：崔春娟

装帧设计：张德琛　杨红科

责任印制：张艳芳

印　　刷：河南瑞之光印刷股份有限公司

经　　销：全国新华书店

幅面尺寸：148 mm×210 mm　　印张：4.25　字数：130千字

版　　次：2017年6月第1版　　2017年12月第2次印刷

定　　价：28.00元

内容提要

  该书共精选对水稻产量和品质影响较大的 33 种主要病虫原色图片 216 张，突出病害田间发展和虫害不同时期的症状特征，并详细介绍了每种病虫的分布区域、形态（症状）特点、发生规律及综合防治技术，力求做到内容丰富、图片清晰、图文并茂、通俗易懂、形象直观、方便实用，适合各级农业技术人员和广大农民朋友阅读，也可供植保科研、教学工作人员参考。

农作物病虫害原色图谱丛书

编撰委员会

总编撰：吕国强

委　员：赵文新　张玉华　彭　红　王　燕　李巧芝　王朝阳

　　　　胡　锐　朱志刚　邢彩云　柴俊霞

《水稻病虫害原色图谱》

编写人员

主　编：彭　红　朱志刚

副主编：张慧远　胡玉枝　吕峰顺　徐　英

　　　　吴　良　常庆喜　乔振森　张先华

　　　　于世鹏　张东林

编　者：于世鹏　吕正凤　吕峰顺　朱志刚

　　　　乔振森　吴　良　张东林　张先华

　　　　张慧远　胡玉枝　胡臣学　徐　英

　　　　黄本良　常庆喜　彭　红

总　序

  我国是世界上农业生物灾害发生严重的国家之一，常年发生的为害农作物有害生物（病、虫、鼠、草）1 700多种，其中可造成严重损失的有100多种，有53种属于全球100种最具危害性的有害生物。许多重大病虫害一旦暴发成灾，不仅危害农业生产，而且影响食品安全、人身健康、生态环境、产品贸易、经济发展乃至公共安全。马铃薯晚疫病、水稻胡麻斑病、小麦条锈病的跨区流行和东亚飞蝗、稻飞虱、稻纵卷叶螟的暴发危害都曾给农业生产带来过毁灭性的损失；小麦赤霉病和玉米穗腐病不仅影响粮食产量，其病原菌产生的毒素还可导致人畜中毒和致癌、致畸。专家预测，未来相当长时期内，农作物病虫害发生将呈持续加重态势，监测防控任务会更加繁重。《国家粮食安全中长期规划纲要（2008—2020年）》提出，要通过加大病虫监测和防控工作力度，到2020年，使病虫危害的损失再减少一半，每年再多挽回粮食损失1 000万t。农业部于2015年启动了"到2020年农药使用量零增长行动"，对植保工作提出了新的要求。在此形势下，迫切需要增强农业有害生物防控能力，科学有效地控制其发生和为害，确保人与自然和谐发展。

  河南地处中原，气候温和，是我国大区域流行性病害和远距离迁飞性害虫的重发区，农作物病虫害种类多，发生面积大，暴发性强，成灾频率高，据不完全统计，每年各种病虫害发生面积达6亿亩次以上，占全国的1/10，对农业生产威胁极大。近年来，受全球气候变暖、耕作制度变化、农产品贸易频繁等多因素的综合影响，主要农作物病虫害的发生情况出现了重大变化，常发病虫害此起彼伏，新的发生不断传入，田间危害损失呈逐年加重趋势。而另一方面，由于病虫防控时效性强，技术要求高，加之目前我国从事农业生产的劳动者，多数不具备病虫害识别能力，因混淆病虫害而错用或误用农药造成防效欠佳、残留超标、污染加重的情况时有发生，迫切需要一部浅显易懂、图文并茂的专业图书，来指导农民科学防控病虫害。鉴于此，我们组织省内有关专家编写了这套农作物病虫害原色图谱丛书。

该套丛书分《小麦病虫害原色图谱》《玉米病虫害原色图谱》《水稻病虫害原色图谱》《大豆病虫害原色图谱》《花生病虫害原色图谱》《棉花病虫害原色图谱》《蔬菜病虫害原色图谱》7 册，共精选 350 种病虫害原色图片 2 000 多张，在图片选择上，突出病害田间发展和害虫不同时期的症状识别特征，同时，还详细介绍了每种病虫的分布区域、形态 (症状) 特点、发生规律及综合防治技术，力求做到内容丰富、图片清晰、图文并茂，科学实用，适合各级农业技术人员和广大农民阅读，也可作为植保科研、教学工作者参考。

农作物病虫害原色图谱丛书是 2015 年河南省科技著作项目资助出版，得到了河南省科学技术厅与河南省科学技术出版社的大力支持。河南省植保推广系统广大科技人员通力合作，深入生产第一线辛勤工作，为编委会提供了大量基础数据和图片资料，河南农业大学、河南农业科学院有关专家参与了部分病虫害图片的鉴定工作，在此一并致谢！

希望这套系列图书的出版对于推动我省乃至我国植保事业的科学发展发挥积极作用。

河南省植保植检站副站长、研究员
河南省植物病理学会副理事长　　吕国强

2016 年 8 月

前言

水稻是我国最重要的粮食作物，我国有 65% 以上的人口以大米为主食。我国是世界上的水稻生产大国，年种植面积 4.5 亿~4.7 亿亩，占粮食作物总面积的 30% 左右，水稻总产量占粮食总产量的 40% 左右。我国水稻种植面积居世界第二位，水稻总产量居世界第一位，水稻单产居世界第十位。我国水稻种植生产的丰歉余缺，在很大程度上影响着我国的粮食安全形势。

病虫害是制约我国水稻生产的重要因素。有关资料记载，我国常见的水稻病虫害有 130 余种，其中对水稻产量和品质影响较大的达 30 多种。一般发生年份这些病虫害能使水稻减产 10%~20%，重发年份能使水稻损失 50% 以上甚至局部绝收。受综合因素影响，未来相当长时期内，水稻病虫害仍呈加重发生趋势，如果不及时进行科学防治，每年将给水稻生产造成巨大的经济损失。

为宣传普及水稻病虫识别技术，提高农民朋友科学诊断防治病虫害的能力和水平，我们编写了这本《水稻病虫害原色图谱》。该书共精选对水稻产量和品质影响较大的 33 种主要病虫害的原色图片共计 216 张，突出病害田间发展和虫害不同时期的症状特征，并详细介绍了每种病虫害的分布区域、形态(症状)特点、发生规律及综合防治技术，力求做到内容丰富、图片清晰、图文并茂、通俗易懂、形象直观、方便实用，适合各级农业技术人员和广大农民朋友阅读，也可供植保科研、教学人员工作参考。

本书在撰写过程中，参考了大量的专业文献，并得到了业内专家学者和各级同行的大力支持，南方水稻黑条矮缩病和黑尾叶蝉的一些图片就来自全国农业技术推广服务中心编写的《水稻病毒病防治技术彩色挂图》，在此一并表示衷心的感谢！同时，由于时间仓促，以及我们的水平和经验所限，本书可能存在遗漏及错误之处，恳请广大专家、读者不吝批评指正。

编者

2015 年 6 月

目录

第一部分　水稻病害

一、　稻瘟病

分布与为害

　　稻瘟病又称稻热病、火烧瘟、吊颈瘟，是水稻生产上主要的真菌病害之一，全国各水稻产区都有发生，尤其以穗颈瘟对产量影响最大，只要条件适宜，容易流行成灾。流行年份一般可使水稻减产10%~20%，发生重时减产40%~50%，甚至颗粒无收（图1、图2）。

图1　水稻叶瘟田间严重为害状　　　　　　图2　水稻穗颈瘟田间严重为害状

症状特征

　　该病在水稻整个生育阶段皆可发生，主要为害叶片、茎秆、穗部。

根据水稻生育期或发病部位不同可分为苗瘟、叶瘟、穗颈瘟等。

1. 苗瘟

苗瘟在水稻幼苗期发生，一般在三叶期以前，病原菌侵染幼苗基部，出现灰黑色水渍状病斑，使幼苗卷缩枯死。

2. 叶瘟

叶瘟发生在三叶期以后秧苗和成株叶片上。病程开始时，叶上只能看到针头大小的褐色斑点（图3），这种斑点扩大很快，最后形成不同类型的病斑。叶瘟主要有慢性型、急性型、白点型和褐点型4种，其中以前两种最为常见。典型的慢性型病斑呈纺锤形或菱形，红褐色至灰白色，沿叶脉向两端延伸有褐色坏死线（图4），在气候潮湿时，

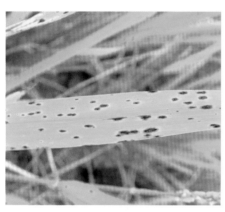

图3　水稻叶瘟病侵染初期

图4　水稻叶瘟病慢性型病斑

图5　水稻叶瘟病后期不规则大斑

图6　水稻叶瘟病大田发病中心

病斑背面产生灰绿色霉层，后期多个病斑融合形成不规则形大斑，使全叶枯死（图5~7）。急性型病斑近圆形或不规则形，暗绿色，病斑正背面密生灰绿色霉层，遇适温、高湿条件可迅速蔓延（图8）。田间急性型病斑的出现是稻瘟病大发生的预兆。

3. 穗颈瘟

主要发病部位为穗颈、穗轴及枝梗，发生早时形成穗颈瘟，发病部位成段变褐坏死，穗颈、穗轴易折断，导致小穗不实或秕谷，重者形成全白穗（图9~12），与螟虫为害相似。发生迟则形成枝梗瘟、谷

图7　水稻叶瘟病大田普发

图8　带灰绿色霉层的水稻叶瘟急性型不规则病斑

图9　水稻穗颈瘟穗颈部坏死

图10　水稻穗颈瘟穗部折断

图 11 水稻穗颈瘟形成的秕谷

图 12 水稻穗颈瘟形成的枯白穗

图 13 水稻谷粒瘟初期

图 14 水稻谷粒瘟稻谷上病斑

粒瘟（图 13~15）。

　　此外，发生在水稻茎节上的稻瘟病称节瘟（图 16），发生在叶枕上的称叶枕瘟。

图 15　水稻谷粒瘟大田普发

图 16　水稻节瘟

发生规律

　　病菌主要以分生孢子和菌丝体在病谷、病稻草上越冬，翌年春天，病菌侵染秧苗造成苗瘟；病菌随着气流或移栽等途径传播，侵染大田造成叶瘟和穗瘟。只要条件适宜，病菌可以多次再侵染，以致病害迅速扩展流行。

　　稻瘟病的发生与水稻品种、气候条件和肥水管理关系密切。品种之间抗性差异较大，同一品种不同生育期抗性亦有异，苗期（四叶期）、分蘖盛期、抽穗初期为易感期，成株期抗病性高于苗期。当气温为 20~30 ℃、相对湿度达 90% 以上时，有利于稻瘟病的发生；抽穗破口期天气条件的变化对穗颈瘟发生程度影响极大。感病品种的大面积种植，破口到齐穗期连续阴雨 3 d 以上，偏施或迟施氮肥等因素都容易导致稻瘟病的发生与流行。

防治措施

预防本病发生，应坚持种植优质抗病品种、科学肥水管理、适时喷药保护等综合防治措施，要坚持预防为主的策略，发病初期施药防治，早抓叶瘟，狠治穗瘟。

1. 农业防治

选用适合当地种植的抗病、优质、高产水稻品种；水稻播种前，集中处理散落在稻田和堆放在户外的稻草，不用病稻草捆秧；施足基肥，多施有机肥，磷、钾肥合理搭配，追施氮素化肥时，要适时适量，防止过多、偏迟，有条件的地方可施硅肥，要做到浅水勤灌，适时晒田。

2. 化学防治

（1）种子处理：浸种药剂可选用25%咪鲜胺乳油3 000~4 000倍液，或2.5%咯菌腈悬浮种衣剂20~30 mL等，浸种10 kg稻种，浸种3~5 d。

（2）打送嫁药：在移栽前2~3 d，喷施1次送嫁药，药剂同叶瘟防治。

（3）苗瘟、叶瘟防治：已出现病叶或发病中心的稻田，每亩用40%稻瘟灵乳油100 mL，或75%三环唑可湿性粉剂30 g，或40%异稻瘟净乳油170~200 mL，或40%三乙膦酸铝可湿性粉剂250 g，或50%咪鲜胺锰盐可湿性粉剂40~60 g，或75%肟菌酯·戊唑醇水分散粒剂15~20 g，或2%春雷霉素可湿性粉剂100~120 g，或50%多菌灵可湿性粉剂1 000倍液，或50%甲基硫菌灵可湿性粉剂1 000倍液等药剂，对水50~60 kg喷雾。

（4）穗瘟预防：提倡在破口初期和齐穗期各施药1次，打"保险药"进行预防，药剂同叶瘟防治。

二、水稻纹枯病

分布与为害

　　水稻纹枯病又称"花脚秆""云纹病"，是全国各稻区常发的一种重要真菌病害。稻株受害后，一般会出现秕谷率增加、千粒重降低等症状，严重时会发生"冒穿"、倒伏、枯白穗（图1）等。一般减产10%~20%，严重时可减产50%以上（图2）。

图1　水稻纹枯病造成枯白穗　　　　　图2　水稻纹枯病严重发生

症状特征

　　该病的典型症状是在叶鞘和叶片上形成云纹状病斑（图3），后期病部产生鼠粪状菌核。主要为害部位为水稻叶鞘，叶片次之。病害初发时，先在靠近水面的叶鞘上出现灰绿色、水渍状、边缘不清楚的小

图3 水稻纹枯病叶鞘部云纹状病斑

图4 水稻纹枯病初期水渍状病斑

斑（图4），逐渐扩大，长达数厘米（图5）；病斑可相互连接成不规则的云纹状大斑（图6），似开水烫伤状；发病严重时，病斑向病株上部

图5 水稻纹枯病叶鞘病斑

图6 水稻植株基部纹枯病云纹状病斑

叶鞘、叶片发展（图7），可导致叶鞘干枯（图8），上部叶片也随之发黄、枯死（图9）；严重时病斑可达剑叶、稻穗和谷粒，导致穗小粒少（图10），有时形成单株白穗（图11），甚至全株枯死。湿度低时，病斑边缘暗褐色，中央草黄色至灰白色。在阴雨多湿条件下，病斑处会长出白色蛛丝状的菌丝体，匍匐于病斑表面或攀缘于邻近稻株之间，菌丝体集结成白色绒球状菌丝团，最后形成鼠粪状菌核；菌核深褐色，易脱落（图12、图13）。高温条件下病斑上产生一层白色粉霉层，即病菌的担子和担孢子。

图8 水稻纹枯病后期叶鞘干枯

图7 水稻纹枯病侵染中上部叶片

图9 水稻纹枯病后期病叶发黄、枯死

图 10　水稻纹枯病侵染穗位叶影响灌浆

图 11　水稻纹枯病后期单株白穗

图 12　水稻纹枯病菌核前期

图 13　水稻纹枯病菌核后期（叶鞘上）

发生规律

水稻纹枯病从苗期至穗期均可发生，一般在分蘖盛期开始发生，拔节期病情发展加快，孕穗期前后是发病高峰，乳熟期病情下降。病菌主要以菌核在土壤里越冬，也能以菌丝体和菌核在病稻草和其他寄主残体上越冬。春季，漂浮在水面的菌核萌发形成菌丝，侵入叶鞘形成病斑，从病斑上再长出菌丝向附近和上部蔓延，再侵入形成新病斑。水稻一生中可进行多次再侵染。落入水中的菌核，可借水流传播。

该病属高温高湿型病害，适宜范围内，湿度越大，发病越重。田间小气候相对湿度为80%时，病害受到抑制，71%以下时病害停止发展；气温18~34 ℃都可发病，以22~28 ℃最适，因此，夏秋气温偏高、雨水偏多，有利于病害的发生和发展。田间菌源量与发病初期轻重有密切关系，历年重病区、老稻区、田间越冬菌核量大时，易导致初期发病较多。水稻栽插密度过大，稻田偏施、迟施氮肥，连续灌深水、连年重茬种植，有利于病害发生。粳稻品种一般较易感病，籼型杂交稻比较耐病。

防治措施

在加强肥水管理、合理密植的基础上，适时提前施药防治。

1. 农业防治

整地时打捞菌核，减少田间菌源量；推广宽窄行栽插，合理密植，改善田间通风透光条件；浅水勤灌，适时晒田，控制群体，基肥足、追肥早，多施有机肥，不可偏施氮肥，增施磷、钾肥，增强植株抗病能力。

2. 化学防治

分蘖到拔节期病丛率达15%时，即进行防治，发病严重时，5~7 d再用药1次。药剂可亩用5%井冈霉素水剂150~200 mL，或井冈·蜡芽菌水剂200 mL，或井冈·枯芽菌水剂250 mL，或50%多菌灵可湿性粉剂75~100 g，或43%戊唑醇悬浮剂10~15 mL等，对水20 kg用机动弥雾机喷雾，也可以加水50 kg用手动喷雾器喷雾。施药时应注意对准植株基部。

三、 水稻条纹叶枯病

分布与为害

　　水稻条纹叶枯病是由灰飞虱等传播的一种病毒病，我国南方稻区及河南、河北、辽宁等地都有发生，部分地区近年来发病较重，严重影响水稻生产。该病水稻生长早期发生，常导致植株不能抽穗，发病迟的穗小、畸形。一般减产3%~5%，严重田块减产20%以上（图1）。

图1　水稻条纹叶枯病大田为害状

症状特征

　　水稻从苗期至孕穗期都可感病，其中以苗期至分蘖期最易感病。早期发病株先在心叶（苗期）或下一叶（分蘖期）基部出现与叶脉平行的不规则褪绿条斑或黄白色条纹（图2~5）。不同品种表现不一，糯稻、粳稻和高秆籼稻心叶黄白、柔软、卷曲下垂呈枯心状（图6）。矮秆籼

图2　水稻条纹叶枯病苗期病叶

图3　水稻条纹叶枯病病叶条斑

图4　水稻条纹叶枯病田间病叶

图5　水稻条纹叶枯病病叶上褪绿条斑

稻不呈枯心状，出现黄绿相间条纹，分蘖减少，病株提早枯死。感病品种心叶死亡呈枯心状，形成枯心苗（图7、图8）。苗期发病，常常导致枯死。分蘖期发病，病株分蘖减少，先在心叶下一叶基部出现褪绿黄斑，后扩展形成不规则黄白色条斑，老叶不显症状，重病株多数整株死亡，病穗畸形或不实（图9~11）。

图6　水稻条纹叶枯病病株

图7　水稻条纹叶枯病为害形成枯心苗

图8　水稻条纹叶枯病与健株比较

图9　水稻条纹叶枯病成丛发生

图 10　水稻条纹叶枯病成片为害状　　图 11　水稻条纹叶枯病后期穗畸形

发生规律

　　该病病毒主要由灰飞虱传播，灰飞虱可持久和经卵传毒。病毒在带毒灰飞虱体内越冬，成为主要初侵染源。在小麦田越冬的若虫，羽化后在原麦田繁殖，迁入早稻秧田或本田传毒为害，再迁入晚稻田为害，水稻收获后，迁回麦田越冬。水稻条纹叶枯病的流行主要与传毒媒介灰飞虱的数量、带毒率、品种抗性及水稻感病生育期与灰飞虱传毒高峰期的吻合程度等因素密切相关。灰飞虱带毒率高，虫量大，感病品种种植面积大，则发病重，如前几年沿黄稻区种植的豫粳 6 号易感病，是导致该病大面积发生的原因之一。早播田重于迟播田，孤立秧田重于连片秧田，麦套稻重于其他类型栽培方式。稻田周围杂草丛生病害发生较重。

防治措施

　　防治策略为"治虫防病"。采取切断毒源、治秧田保大田、治前期保后期的综合防治措施。

1. 农业防治

　　推广种植抗（耐）病品种；采用防虫网覆盖育秧技术；适当推迟播栽期；推广小苗抛栽、机插秧等类型栽培措施；避免偏施氮肥。

2. 化学防治

掌握防治适期。没有使用防虫网育秧的秧田和本田初期是灰飞虱传毒为害的主要时期，秧田成虫防治应掌握灰飞虱迁入秧田高峰期，迅速开展防治；对若虫防治，应掌握在卵孵化高峰至低龄若虫高峰期防治。

农药选择上坚持速效药剂与长效药剂相结合，尤其是秧田成虫防治，使用异丙威、敌敌畏等速效性较好的药剂与吡虫啉、噻嗪酮等长效药剂相结合，提高防治效果。要注意药剂交替使用，延缓灰飞虱产生抗药性。药剂可亩用 10% 吡虫啉可湿性粉剂 20~30 g，或 25% 噻嗪酮可湿性粉剂 20~30 g，或 50% 吡蚜酮可湿性粉剂 15~20 g，或 5% 烯啶虫胺可溶性粉剂 15~20 g，或 25% 噻虫嗪水分散粒剂 2~5 g，或 20% 异丙威乳油 150~200 mL，或 80% 敌敌畏乳油 200~250 mL 等。施药时可加入香菇多糖、芸薹素内酯、盐酸吗啉胍等抗病毒药剂。

四、　稻曲病

分布与为害

　　稻曲病俗称丰收果、青粉病、谷花病，是水稻穗期的重要真菌病害，在我国水稻产区均有发生。近年来，随着新品种的引进，杂交稻的发展和施肥水平提高，该病发生呈加重趋势，从最初零星发生，已发展成为重要病害之一，发病后一般可减产 5%~10%（图 1），严重者损

图 1　稻曲病发病中心

失更大（图2、图3）。稻穗发病后，不仅增加秕谷率、青米粒和碎米率，降低结实率和千粒重，影响水稻产量，而且还因病原菌附着在稻米上污染谷粒，含有毒素，会严重影响稻谷品质（图4、图5）。

图2　稻曲病大田为害状

图3　稻曲病大田严重为害状后期

图4　稻曲病菌后期污染稻谷

图5　混杂在稻谷中的病粒

症状特征

　　病菌主要在水稻抽穗扬花期侵入，灌浆后显症，为害穗部谷粒。初见颖合缝处露出淡黄绿色块状物，逐渐膨大，最后包裹全颖，形成比正常谷粒大3~4倍的近球形球菌；球菌最初外围有一层灰色膜（图6），表面平滑，颜色逐渐变为黄绿色或墨绿色，后开裂，散出墨绿色或深墨色粉末即病菌的厚垣孢子（图7~12）。

图 6 病原菌孢子初期形成外围灰色膜

图 7 孢膜破裂露出黄色厚垣孢子

图 8 稻曲病黄色菌块

图 9 稻曲病黄色菌块近照

图 10 稻曲病后期墨绿色菌块

图 11 稻曲病后期墨绿色菌块近照

图 12　单株稻曲病严重发生后期

发生规律

病原菌以厚垣孢子或菌核在土壤中或病粒上越冬，翌年夏秋之间，产生的分生孢子与子囊孢子可借气流传播，侵害花器和幼颖。该病是一种典型的气候性病害，水稻抽穗前后，适温、多雨天气会诱发并加重病害发生。偏施氮肥、植株生长嫩绿、长期深灌也会加重发病。水稻不同品种间的抗病性存在明显差异，矮秆、宽叶、枝梗数多、角度小的密穗型品种较易感病，反之则较抗病；早熟品种较抗病，其次为中熟、晚熟品种，糯稻、籼稻、粳稻抗病稍差；杂交稻发病重于常规稻，两系杂交组合重于三系杂交组合。

防治措施

以坚持种植抗（耐）病品种为基础，重点抓好适期喷药预防为主的综合防治措施。

1.农业防治

选用抗（耐）病品种。播种前注意清除病残体及田间菌源，采取浸种等种子处理措施。加强肥水管理，增施磷、钾肥，防止迟施、偏施氮肥，适量施用硅肥、微肥。

2. 化学防治

对感病品种田块，特别是水稻长势嫩绿且孕穗扬花期阴雨天多，或在孕穗后期，即距水稻破口期 5~7 d，为防治的关键时期（田间可按照剑叶叶枕露出 30%~50% 确定）。每亩可用 5% 井冈霉素水剂 300~350 mL，或井冈·枯芽菌水剂 200~300 mL，或 43% 戊唑醇悬浮剂 10~15 mL，或 12.5% 氟环唑悬浮剂 40~60 g，或 30% 苯醚甲环唑·丙环唑乳油 20 mL 等药剂喷雾防治，如需防治第二次，则在水稻破口期（水稻破口 50% 左右）施药，也可结合预防穗颈瘟混合用药。

五、水稻恶苗病

分布与为害

水稻恶苗病又称徒长病，全国稻区均有发生，是一种常见水稻病害。我国的水稻种植区在推广浸种等种子消毒措施后，病害大为减轻，但近年来，受多种因素影响，该病发病率有回升趋势。一般发病田块病株率在 3% 以下，少数发病重的可达 40% 以上，减产率可达10%~40%（图 1）。苗床上如果恶苗病株率超过 10% 时，则导致整块秧田不能使用（图 2）。

图 1　水稻恶苗病后期重病田影响抽穗为害状

图 2　水稻恶苗病秧田为害状

症状特征

本病从秧苗期至抽穗期均可发生，一般分蘖期发生最多。

1. 苗期发病

发病苗比健苗纤细、瘦弱；叶鞘细长，比健苗高 1/3 左右；叶色淡黄、较窄，根系发育不良，即典型的徒长型（图3、图4）。部分病苗在移栽前死亡。在枯死苗上有淡红色或白色霉粉状物，即病原菌的分生孢子。

图3　水稻恶苗病秧田单个病株

图4　健株与病株比较（右为病株）

2. 本田发病

本田发病有徒长型、普通型和早穗型三种类型，以徒长型最为常见。徒长型典型症状为节间明显伸长，明显高于正常植株，约1/3（图5）。节部常有弯曲露于叶鞘外，下部茎节倒生（向上）多数不定须根（图6~9），分蘖少或不分蘖。剥开叶鞘，茎秆上有暗褐色条斑，剖开病茎可见白色蛛丝状菌丝，以后植株逐渐枯死。湿度大时，枯死病株表面

图5　水稻恶苗病田间徒长植株

长满淡褐色或白色粉霉状物，后期生黑色小点，即病菌子囊壳。

稻株发病轻时提早抽穗，但穗小、籽少、籽粒不实。抽穗期谷粒也可受害，严重的变褐色，不能结实，颖壳夹缝处生淡红色霉，感病轻的仅在谷粒基部或尖端变为褐色，或不表现症状，但谷粒内部有菌丝潜伏。

图6　水稻恶苗病导致的茎节不定根初期

图7　水稻恶苗病茎节倒生不定根

图8　水稻恶苗病茎节倒生不定根后期

图9　水稻恶苗病严重发生时茎节不定根

发生规律

本病以带菌种子传播为主。带菌种子和病稻草是水稻恶苗病发生的初侵染源，在秧田、本田可以多次再侵染。病菌主要以分生孢子附在种子表面或以菌丝体潜伏于种子内部越冬，潜伏在稻草内的菌丝体和稻草上生长的子囊壳也可越冬。

浸种时带菌种子上的分生孢子可污染无病种子。发病严重的引起苗枯，死苗上产生分生孢子，传播到健苗，引起再侵染。带菌稻秧定植后，菌丝体遇适宜条件可扩展到整株，刺激茎叶徒长。花期病菌传播到花器上，侵入颖片和胚乳内，造成秕谷或畸形，在颖片合缝处产生淡红色粉霉。病菌侵入晚，谷粒虽不显症状，但菌丝已侵入内部使种子带菌，脱粒时与病种子混收，会使健种子带菌。

伤口有利于病菌侵入；旱育秧较水育秧发病重；增施氮肥刺激病害发展。施用未腐熟有机肥、氮肥过多过迟的田块发病重，晚播发病相对较重。

防治措施

该病防治应以在农业防治的基础上，重点抓好种子处理措施，培育无病壮苗。

1. 农业防治

选用无病种子留种，搞好苗床土壤处理，采用秧盘育苗技术；加强栽培管理，催芽时间不宜过长，拔秧要尽可能避免损根。做到"五不插"：不插隔夜秧，不插老龄秧，不插深泥秧，不插烈日秧，不插冷水浸的秧。发现秧田或本田有病株时，应及时拔除烧毁，清除病残体。

2. 化学防治

浸种等种子处理是预防该病最关键的措施。浸种药剂可亩选用25%咪鲜胺乳油3 000~4 000倍液，或20%多·森铵悬浮剂200~300倍液，或15%噁霉灵可湿性粉剂1 000~1 600倍液，或16%咪鲜·杀螟丹可湿性粉剂400~600倍液，或2.5%咯菌腈悬浮种衣剂20~30 mL等，浸10 kg稻种，浸3~5 d；也可用多菌灵、生石灰水浸种。种子包衣药剂可选用 2.5% 咯菌腈悬浮种衣剂，或用 0.5% 咪鲜胺悬浮种衣剂，或用 18% 多·福·咪鲜悬浮种衣剂等。

在秧苗针叶期和大田发病初期，可用 25% 咪鲜胺乳油 1 500 倍液喷雾。

六、 水稻胡麻斑病

　　水稻胡麻斑病是水稻生产上的一种常发病害，常在因缺肥、缺水等原因引起水稻生长不良时发生较重，叶片受害造成叶枯，穗部受害导致千粒重下降及空秕粒增多，影响产量和米质（图1、图2）。

图1　水稻胡麻斑病大田为害状

图2　水稻胡麻斑病严重发生后期

症状特征

从秧苗期至收获期均可发病，稻株地上部均可受害，以叶片为多，病斑多时秧苗枯死。成株叶片染病，初为褐色小点，渐扩大为椭圆斑，如芝麻粒大小（图3），病斑中央褐色至灰白色，边缘褐色，周围有深浅不同的黄色晕圈，严重时连成不规则大斑（图4~7）。叶鞘染病，病斑初椭圆形，暗褐色，边缘淡褐色，水渍状，后变为

图3 水稻胡麻斑病单个病斑

图4 水稻胡麻斑病病叶

图5 水稻胡麻斑病发病中心

图6 水稻胡麻斑病点片发生前期

图7 水稻胡麻斑病发生后期

中心灰褐色的不规则大斑。穗颈和枝梗发病,受害部暗褐色,造成穗枯。谷粒染病,早期受害的谷粒灰黑色扩至全粒造成秕谷。后期受害病斑小,边缘不明显。

发生规律

病菌以分生孢子或菌丝体附着在稻种或稻草上越冬,成为翌年初侵染源。播种后谷粒上的病菌可直接侵害幼苗。稻草上越冬的分生孢子,或由越冬菌丝产生的分生孢子,都可随风扩散,引起秧田和本田的侵染。在当年病组织上产生的分生孢子可再次侵染,不断扩大为害。

该病的发生与土质、肥水管理和品种抗性密切相关。酸性土壤、沙质土、薄地、缺磷少钾时发病,长期积水、根部受伤等都可诱发本病。高温高湿、日照不足、有雾露存在时发病重。沿黄稻区多在抽穗前后易感病。

防治措施

本病以农业防治为主,加强肥水管理和深耕改土,必要时辅以药剂防治。

1. 农业防治

深耕灭茬,及时处理销毁病稻草,压低菌源。增施腐熟堆肥做基肥,及时追肥,增加磷、钾肥,特别是钾肥的施用可提高植株抗病力。酸性土注意排水,适当施用石灰,要浅灌勤灌,避免长期水淹造成通气不良。

2. 化学防治

参见"稻瘟病",也可使用50%福美双可湿性粉剂,或40%菌核净可湿性粉剂等药剂防治。

七、 水稻白叶枯病

分布与为害

水稻白叶枯病是一种细菌性病害，俗称白叶瘟、过火风等。本病暴发性强，传播速度快，为害重，产量损失大。水稻受害后叶片干枯，瘪谷增多，米质松脆，千粒重降低，一般减产 20%~30%，严重者达 50% 以上，甚至绝收（图1、图2）。

图1　水稻白叶枯病大田为害状

图2　水稻白叶枯病大田后期症状

症状特征

水稻整个生育期均可受害，苗期、分蘖期受害最重，各个器官均可染病，叶片最易染病，叶片染病呈枯白色。成株期常见的典型症状有叶缘型（叶枯型），还有急性型（青枯型）、凋萎型、中脉型和黄化型等。急性型、凋萎型症状的出现预示白叶枯病将严重发生。

1. 叶缘型（叶枯型）

叶缘型是一种慢性症状，先
从叶缘或叶尖开始发病，出现暗
绿色水浸状短线病斑，病斑沿叶
缘坏死，呈倒"V"字形，最后
粳稻上的病斑变灰白色，籼稻上
为橙黄色或黄褐色。病健部界线
明显，在籼稻品种或感病品种呈
直线状，在粳稻或抗病品种上病
斑边缘呈不规则波纹状（图3、图

图3　水稻白叶枯病叶枯型病叶

4）。湿度大时，病部有黄色菌脓溢出，干燥时形成菌胶（图5）。

图4　水稻白叶枯病田间发病

图5　水稻白叶枯病病叶溢出菌脓

2. 青枯型（急性型）

青枯型是一种急性症状，发生在环境适宜或感病品种上。植株
感病后，尤其是茎基部或根部受伤而感病，叶片呈现失水青枯的暗绿
色，迅速扩展，后病部变青灰色或灰绿色；叶片迅速失水，边缘皱缩
或卷曲青枯，病健部没有明显的病斑边缘，往往是全叶青枯（图6、
图7）。

图6 水稻白叶枯病急性型大田症状

发生规律

未腐烂的带病稻草和带病杂草是主要的侵染源。带病种子可远距离传播，也是新病区的主要初侵染源，老病区则以病稻草为主要侵染源。病菌主要在带菌谷种和病株残体越冬。病菌随流水传播，从叶片的水孔、伤口或茎基和根部的伤口侵入，在维管束中大量繁殖后，从叶面的水孔大量溢出菌脓，菌脓遇水溶散，借风雨露滴或流水传播，形成再侵染，致使病害传播蔓延，以致流行。

图7 水稻白叶枯病急性型病株

品种、栽培制度、灌溉水是构成本病流行的主要条件，串灌、漫灌易传播病菌，稻田长期积水、氮肥过多、生长过旺，有利于病害发生。持续适温（20~30℃）、阴雨、寡照天气等，适宜病害流行。

防治措施

防治本病应在控制菌源的前提下，以种植抗（耐）病品种为基础，培育无病壮秧，加强肥水管理，必要时进行药剂防治。

1. 农业防治

选用抗病品种。选用无病种子，培育无病壮秧。选择上年未发病的田块作秧田。避免用病草催芽、盖秧、扎秧把；整平秧田，湿润育秧，严防深水淹苗。做到排灌分开，浅水勤灌，适时晒田，严防深灌、串灌、漫灌。要施足基肥，早施追肥，避免氮肥施用过迟、过量。

2. 化学防治

水稻进入感病生育期后，对有零星发病中心的田块，应及时喷药封锁发病中心，防止扩大蔓延。病害常发区在暴风雨之后应注意观察，及时预防，坚持"发现一点治一片，发现一片治全田"的原则，把病害控制在为害之前。

药剂可亩用 20% 噻菌铜悬浮剂 100~125 g，或 20% 叶枯唑可湿性粉剂 100~150 g，或 50% 氯溴异氰尿酸可溶性粉剂 40~60 g，或 72% 农用硫酸链霉素可溶性粉剂 4 000 倍液等。

八、 水稻黑条矮缩病

分布与为害

　　水稻黑条矮缩病以往主要在江苏、浙江等省有发生，2013年开始在河南省开封市稻区发现本病为害。本病发生区病田率可达3%~40%，一般病丛率为5%~30%，严重地块病丛率90%以上，发生严重稻田可导致绝收（图1、图2）。

图1　水稻黑条矮缩病大田为害状

图2　水稻黑条矮缩病整块田
发生为害状

症状特征

　　本病主要症状表现为病株矮缩、叶色深绿、叶片短阔、僵直（图3、图4）；由于韧皮部细胞增生，在叶背、叶鞘和茎秆表面沿叶脉出现短

图3　水稻黑条矮缩病矮缩病株　　　　图4　水稻黑条矮缩病病株、健株比较

条瘤状不规则隆起，早期为蜡白色，后变黑褐色；病株根系发育较差，穗小、结实不良，甚至不抽穗。

　　水稻不同生育期染病后的症状略有差异，苗期发病，叶生长缓慢，叶片短宽、僵直、浓绿，叶脉有不规则蜡白色瘤状突起，后变黑褐色，根短小，植株矮小，不抽穗，常提早枯死（图5）；分蘖期发病，新生

图5　水稻黑条矮缩病病株提前枯死

分蘖先显症，主茎和早期分蘖尚能抽出短小病穗，但病穗缩藏于叶鞘内；拔节期发病，剑叶短阔，穗颈短缩，结实率低，叶背和茎秆上有短条状瘤突。

发生规律

本病是一种病毒病，传毒介体有灰飞虱、白背飞虱等，以灰飞虱传毒为主，介体一经染毒，终身带毒，但不经卵传毒。病毒主要在大麦、小麦病株上越冬，也可在灰飞虱体内越冬。田间病毒通过麦—早稻—晚稻的途径完成侵染循环。第1代灰飞虱在病麦上接毒后传到早稻、单季稻、晚稻和青玉米上。稻田中繁殖的第2、3代灰飞虱，在水稻病株上吸毒后，迁入晚稻和秋玉米上，晚稻上繁殖的灰飞虱成虫和越冬代若虫又传给大麦、小麦。

晚稻早播比迟播发病重，稻苗幼嫩发病重。小麦发病轻重、毒源多少，决定水稻发病程度。

防治措施

由于该病属于病毒性病害，一旦发生，很难防治，生产上以预防为主，在秧苗期抓好预防，实行防飞虱、抗病毒两手抓的防治措施。

1. 农业防治

因地制宜，选用抗（耐）病良种；应在播种前及时清除秧田及四周的禾本科杂草，压低虫源、毒源；发病稻区采用防虫网或者无纺布覆盖育秧。

2. 化学防治

做好种子消毒处理。使用2.5%咪鲜·吡虫啉悬浮种衣剂药种比为1：（40~50），按种子包衣统计；或每千克干种子拌10%吡虫啉可湿性粉剂15~20 g，直接与种子拌匀，待药液充分吸收再播种；或在浸种时加入吡虫啉等内吸性药剂；喷洒送嫁药，秧苗移栽前1~2d揭膜，亩用25%噻虫嗪可湿粉1.6~3.2 g或10%吡虫啉15~25 g兑水喷雾；本田初期防治灰飞虱，秧苗移栽后10d左右，亩用30%吡蚜酮、速灭威可湿粉剂30 g防治灰飞虱。

治虫防病，参考"水稻条纹叶枯病"。

九、 南方水稻黑条矮缩病

分布与为害

南方水稻黑条矮缩病毒是由我国首先发现、鉴定和命名的为害农作物的病毒新种，其传毒介体主要是白背飞虱（图1、图2）。目前该病主要分布于华南、江南和西南的大部分稻区，水稻苗期、分蘖前期感染发病的基本绝收，拔节期和孕穗期发病，产量因侵染时期先后造成损失在 10%~30%（图3）。

图1 白背飞虱长翅成虫

图2 白背飞虱若虫

图3　南方水稻黑条矮缩病大田为害状

症状特征

　　本病主要症状表现为分蘖增加，叶片短阔、僵直，植株矮缩，叶色深绿，叶背的叶脉和茎秆上出现条状乳白色或蜡白色，后变为褐色的短条瘤状隆起，高位分蘖及茎节部倒生气须根，不抽穗或穗小，结实不良，剑叶或上部叶片可见凹凸的皱褶，一蔸中有一根或几根稻株比健株矮1/3左右，半全穗。不同生育期染病后的症状略有差异。苗期发病，心叶生长缓慢，叶片短宽、僵直、浓绿，叶脉有不规则蜡白色瘤状突起（图4、图5），后变黑褐色。根短小（图6），

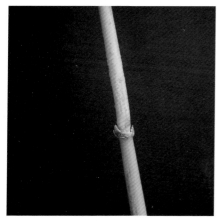

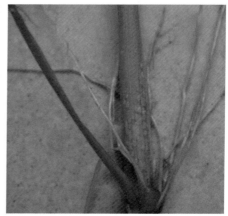

图4　南方水稻黑条矮缩病茎秆蜡白条　　图5　南方水稻黑条矮缩病茎秆蜡白色瘤状突起

植株矮小（图7、图8），不抽穗，常提早枯死。分蘖期发病，新生分蘖先显症，主茎和早期分蘖尚能抽出短小病穗（图6），但病穗缩藏于叶鞘内。拔节期发病，剑叶短阔，穗颈短缩，结实率低。

图6　南方水稻黑条矮缩病病根褐化不发达
（左：健株，右：病株）

图7　南方水稻黑条矮缩病水稻分
蘖期病株矮缩

图8　南方水稻黑条矮缩病拔节后期病株

图9　南方水稻黑条矮缩病病穗

发生规律

传毒介体为迁飞性害虫白背飞虱，介体可终身带毒，成虫、若虫都能传毒。水稻种子不带毒。水稻各生育期均可感病，2~7叶期最易感病。除水稻外，玉米、稗草、水莎草、白草等也是南方水稻黑条矮缩病病毒的寄主。本病的主要初侵染源是外地迁入的带毒白背飞虱。带毒白背飞虱取食早稻或杂草等传毒，迁入带毒白背飞虱或本地白背飞虱取食带毒寄主再传毒至中稻、晚稻秧田及本田。随着病毒分布范围的扩大，病害发生会逐年加重；中晚稻发病重于早稻；育秧移栽田发病重于直播田；杂交稻发病重于常规稻；田块间发病程度差异显著，发病轻重取决于带毒白背飞虱迁入量；病害普遍分布，但仅部分地区严重发生；尚未发现有明显抗病性的水稻品种。

防治措施

防治应采取切断毒链、治虫防病、治秧田保大田、治前期保后期的综合防控策略。抓住秧苗期和本田初期关键环节，实施科学防控。

1. 农业防治

（1）清除杂草：用除草剂或人工清除的办法对秧田及大田边的杂草进行清除，减少飞虱的寄主和毒源。

（2）推广防虫网或无纱布覆盖育秧：播种后用40目（非法定计量单位，表示每平方英寸上的孔数）聚乙烯防虫网或无纱布全程覆盖秧田，阻止稻飞虱迁到秧苗上传毒为害。

（3）及时拔除病株：对发病秧田，要及时剔除病株，并集中埋入泥中，移栽时适当增加基本苗。对大田发病率2%~20%的田块，及时拔除病株（丛），并就地踩入泥中深埋，然后从健丛中掰蘖补苗。对重病田应及时翻耕改种，以减少损失。

2. 化学防治

（1）药液浸种或拌种：用10%吡虫啉可湿性粉剂300~500倍液，浸种12 h，或在种子催芽露白后用10%吡虫啉可湿性粉剂每千克稻种15~20 g拌种，待药液充分吸收后播种，减轻稻飞虱在秧田前期的传毒。

　　（2）药剂防治：主要抓好以下两个时期的防治工作。一是秧田期，秧苗稻叶开始展开至拔秧前 3 d，酌情喷施"送嫁药"。二是本田期，水稻移栽后 15~20 d，药剂可亩用 25% 吡蚜酮可湿性粉剂 16~24 g，或 10% 吡虫啉可湿性粉剂 40~60 g，或 25% 噻嗪酮可湿性粉剂 50 g 等，对水 40~50 kg 均匀喷雾。

十、 水稻谷枯病

分布与为害

水稻谷枯病又称水稻颖枯病、谷粒病，是各稻区常见的病害之一。发病早的可使稻株不能结实；发生迟的则影响谷粒灌浆充实，千粒重明显降低。该病在我国以南方稻区较为多见。发病较轻的水稻仍可结实，但米质差，容易破碎；发病严重的形成秕粒，使受害水稻产量及品质下降。一般减产10%~20%，严重时可减产20%以上（图1）。

图1　水稻收获时谷枯病症状

症状特征

该病主要为害水稻的颖。水稻抽穗后2~3周为害幼颖较重，初在颖壳顶端或侧面出现小斑，渐发展为边缘不清晰的椭圆斑，后病斑融合为不规则的大斑，扩展到谷粒大部或全部（图2、图3）。后变为枯白色，其上散生许多小黑点，即病菌分生孢子器。谷粒受害早的花器被毁或形成秕谷。乳熟后受害，米粒变小，质变松脆，质量轻，品质下降，接近成熟时受害，仅在谷粒上有褐色小点，对产量影响不大。

图2 水稻谷枯病初期症状

图3 水稻谷枯病后期症状

发生规律

水稻谷枯病病菌以分生孢子器在稻谷上越冬，翌年释放出分生孢子借风雨传播，水稻抽穗后，侵害花器和幼颖。花期遇暴风雨，稻穗相互摩擦，造成伤口有利于病菌侵入。偏施、过施或迟施氮肥，植株贪青、成熟延迟，也增加被侵害机会。一般倒伏田地面温湿度较高，有利于病菌孢子发芽侵入，病粒增多。冷水灌溉的田块，发病也较多。

防治措施

1. 农业防治

加强肥水管理，避免偏施、迟施氮肥，增施磷、钾肥，适时适度晒田。带病秕谷用于高温沤制堆肥。

2. 化学防治

（1）种子处理：选用无病种子，进行种子消毒，是防治该病简单而有效的方法。浸种药剂可选用 25% 咪鲜胺乳油 3 000~4 000 倍液，或 2.5% 咯菌腈悬浮种衣剂 20~30 mL 等，浸 10 kg 稻种，浸种 3~5 d。

（2）穗期防治：结合防穗颈瘟抓好穗期前后喷药预防，在始穗和齐穗期各喷药 1 次，必要时在灌浆乳熟前加喷 1 次。药剂可亩用 40% 稻瘟灵乳油 100 mL，或 75% 三环唑可湿性粉剂 30 g，或 30% 克瘟散乳油 100 mL，或 4% 春雷霉素可湿性粉剂 50 g，或 50% 甲基硫菌灵可湿性粉剂 1 000 倍液等，对水 50~60 kg 喷雾。

十一、稻苗疫霉病

分布与为害

稻苗疫霉病属真菌病害，主要分布在长江流域水稻产区。

症状特征

本病属局部侵染性病害，主要为害秧苗叶片。染病叶片起初出现黄白色圆形小斑点，接着迅速发展成灰绿色水渍状条斑，之后病斑急剧扩大，病叶纵卷倒折。湿度大时病斑上形成白色稀疏的霉层，后变成灰白色（图1、图2）。染病植株矮缩，叶片淡绿，呈斑驳花叶，斑点黄白色，圆形或椭圆形，排列不规则。孕穗后病株矮缩更为明显，分蘖增多，叶色浓绿，常造成稻苗中、下部叶局部枯死，严重时整叶或整株死亡。

图1　稻苗疫霉病病叶

图2　稻苗疫霉病病叶上白色霉层

发生规律

稻苗疫霉病病菌以卵孢子在土壤中越冬，翌年有水存在的条件下萌发，产生游动孢子侵染为害。饱和湿度条件下病斑上才能产生孢囊梗，孢子囊产生需有水滴或水膜存在。受侵染秧苗在饱和湿度下形成典型病斑，相对湿度60%~90%只产生淡褐色小斑。发病适宜温度16~21 ℃，气温超过25 ℃病害受抑。阴雨连绵有助于发病，三叶期前后秧苗最易感病。秧田水深或深灌有利于发病，串灌病害易于流行。播种过密、秧苗弱易发病。偏施氮肥发病重。

防治措施

1.农业防治

采用肥床旱育，切断病菌传播途径；选择地势较高、土质好的田块作秧田，发病育秧田不宜再育秧；加强肥水管理，要浅水勤灌，防止串灌；适当增施磷、钾肥，提高抗病力。

2.化学防治

秧苗期勤检查，初见发病即用药防治。可亩用72.25%霜霉威（普力克）水剂800倍液，或50%多菌灵可湿性粉剂60 g，或50%甲基托布津可湿性粉剂60 g等药剂，对水均匀喷雾防治。

十二、 水稻叶鞘腐败病

分布与为害

水稻叶鞘腐败病又名"鞘腐病",是一种真菌病害。本病在我国长江流域及其以南稻区发生较多,尤以中稻及晚稻后期发生较为严重。杂交稻及其制种田发生普遍。病株秕谷率增加,千粒重下降,若出现枯孕穗,产量损失可达20%以上。

症状特征

本病在秧苗期至抽穗期均可发病,幼苗染病叶鞘上生褐色病斑,边缘不明显。分蘖期染病叶鞘上或叶片中脉上初生针头大小的深褐色小点,向上、下扩展后形成菱形深褐色斑,边缘浅褐色。叶片与叶脉交界处多现褐色大片病斑。孕穗至抽穗期染病,剑叶叶鞘先发病且受害严重,叶鞘上生褐色至暗褐色不规则病斑,中间色浅,边缘黑褐色较清晰,严重的现虎斑纹状病斑,向整个叶鞘上扩展,致叶鞘和幼穗腐烂(图1)。湿度大时病斑内

图1 水稻叶鞘腐败病病株

外现白色至粉红色霉状物，即病原菌的子实体。

发生规律

初次侵染源来自带菌的水稻种子及病残体，大田杂草及水稻病株是再次侵染的来源。稻飞虱、螟虫、细螨等对病菌的传播起着重要作用。侵染方式分三种：一是种子带菌的。种子发芽后病菌从生长点侵入，随稻苗生长而扩展，有系统侵染的特点。二是从伤口侵入。三是从气孔、水孔等自然孔口侵入。发病后病部形成分生孢子借气流传播，进行再侵染。病菌侵入和在体内扩展最适温度为 30 ℃，低温条件下水稻抽穗慢，病菌侵入机会多；高温时病菌侵染率低，但病菌在体内扩展快，发病重。生产上氮、磷、钾肥比例失调，尤其是氮肥过量、过迟或缺磷及田间缺肥时发病重。早稻及易倒伏品种发病也重。水稻穗期因螟害、病毒感染或其他外界因子致使抽穗缓慢，病害加剧。水稻出穗速度慢或包穗的品种发病重。此外，水稻齿叶矮缩病也能诱发典型的叶鞘腐败病。

防治措施

1. 农业防治

选用抗病优质水稻品种及无病种子，进行种子药剂处理；合理施肥，采用配方施肥技术，避免偏施或迟施氮肥，做到分期施肥，防止后期脱肥、早衰。沙性土要适当增施钾肥；积水田要开深沟，防止积水，一般田要浅水勤灌，适时晒田，使水稻生育健壮，提高抗病能力。

2. 化学防治

防虫治病，及时防治稻飞虱、螟虫等以避免害虫造成伤口而诱发病害。田间喷药结合防治稻瘟病可兼治本病。药剂可亩用 20% 三唑酮乳油 70~90 mL，或 40% 禾枯灵可湿性粉剂 60~70 g 等，对水 60 kg 喷雾。

十三、稻粒黑粉病

分布与为害

稻粒黑粉病又称黑穗病、稻墨黑穗病、乌米谷等，是一种真菌病害。本病主要分布在我国长江流域及以南地区。自 20 世纪 70 年代中期推广杂交稻以来，发病加剧，尤以杂交稻制种田受害更重，一般年份病粒率 5%~20%，重病年可高达 40%~60%，严重影响制种的产量和种子品质。

症状特征

水稻受害后，穗部病粒少则数粒，多则十数粒至数十粒。病谷米粒全部或部分被破坏，被破坏的米粒变成青黑色粉末状物，即病原菌的冬孢子（图 1）。症状分为三种类型：①谷粒不变色，在外颖背线近护颖处开裂，长出赤红色或白色舌状物（病粒的胚及胚乳部分），常黏附散出的黑色粉末；②谷粒不变色，在内外颖间开裂，露出圆锥形黑色角状物，破裂后，散出黑色粉末，黏附在开颖部分；③谷粒变暗绿色，内外颖间不开裂，籽粒不充实，与青粒相似，有的变为焦黄色，手捏有松

图 1　稻粒黑粉病病穗

软感,用水浸泡病粒,谷粒变黑。

发生规律

病菌以厚垣孢子在种子内和土壤中越冬。种子带菌随播种进入稻田和土壤带菌是主要菌源。翌年萌发产生担孢子。担孢子萌发产生菌丝或次生担孢子,次生担孢子再生菌丝。孢子借气流传播,在扬花灌浆期侵入花器为害。水稻扬花灌浆期遇高温、阴雨天气,以及偏施或迟施氮肥,水稻倒伏,会加重该病发生。

防治措施

1. 农业防治

选用抗病优质水稻品种及无病种子,不在稻田留种;种谷经过精选后,可用药剂消毒处理(方法同稻瘟病);加强肥水管理,增施磷、钾肥,防止迟施、偏施氮肥,合理灌溉,以减轻发病。

2. 化学防治

防治药剂可亩用 20% 三唑酮乳油 80 mL,或 17% 三唑醇可湿性粉剂 100 g,或 12.5% 烯唑醇可湿性粉剂 70 g 等,对水 50 kg 喷雾。

十四、 水稻干尖线虫病

分布与为害

　　水稻干尖线虫病，又称白尖病、线虫枯死病。在我国各稻区均有发生，一般减产 10%~20%，严重者达 30% 以上。受害稻株植株矮小，病穗较小，秕粒多，多不孕，穗直立（图 1）。除水稻外，尚能为害粟、狗尾草等 35 个属的高等植物。

图 1　水稻干尖线虫病大田为害状

症状特征

水稻整个生育期均可受害。本病主要为害水稻的叶片与穗部。该病苗期症状不明显，偶在4~5片真叶时出现叶尖灰白色干枯，扭曲干尖。病株孕穗后干尖更严重，剑叶或其下2~3叶尖端1~8 cm渐枯黄，半透明，扭曲干尖，变为灰白或淡褐色，病健部界线明显。湿度大有雾露存在时，干尖叶片展平呈半透明水渍状，随风飘动，露干后又复卷曲。有的病株不显症，但稻穗带有线虫，大多数植株能正常抽穗（图2）。

图2　水稻干尖线虫病病叶

发生规律

水稻感病种子是初侵染源。线虫不侵入稻米粒内。侵入后水稻叶尖形成特有的白化，随后坏死，旗叶卷曲变形，包围花序。花序变小，谷粒减少。稻干尖线虫以成虫、幼虫在谷粒颖壳中越冬。线虫耐寒冷，但不耐高温。在干燥条件下存活力较强，在干燥稻种内可存活3年左右，浸水条件能存活30 d。浸种时，种子内线虫复苏，游离于水中，遇幼芽从芽鞘缝钻入，附于生长点、叶芽及新生嫩叶尖端的细胞外，以吻针刺入细胞吸食汁液，致被害叶形成干尖。线虫在稻株体内生长发育并交配繁殖，随稻株生长，线虫逐渐向上部移动，数量也逐渐增多。在孕穗初期前，植株上部几节叶鞘愈向内部，线虫数量愈多。到幼穗形成时，则侵入穗部，大量集中于幼穗颖壳内、外部，造成穗粒带虫。线虫在稻株内繁殖1~2代。线虫的远距离传播，主要靠稻种调运或稻壳作为商品包装运输的填充物，而把干尖线虫传到其他地区。秧田期和本田初期靠灌溉水传播，扩大为害。土壤不能传病。随稻种调运进行远距离传播。

防治措施

1. 农业防治

选用无病种子，加强检疫，禁止从病区调运种子。

2. 化学防治

温汤浸种是防治该病的有效方法。先将稻种预浸于冷水中 24 h，然后放在 45~47 ℃温水中 5 min 提温，再放入 52~54 ℃温水中浸 10 min，取出立即冷却，催芽播种，防效可达 90%；或用 0.5% 盐酸溶液浸种 72 h，浸种后用清水冲洗种子 5 次；或用 40% 杀线酯（醋酸乙酯）乳油 500 倍液，浸 50 kg 种子，浸泡 24 h 后再用清水冲洗；或用 15 g 线菌清加水 8 kg，浸 6 kg 种子，浸种 60 h，然后用清水冲洗再催芽播种。用温汤或药剂浸种时，发芽势有降低的趋势，如直播易引致烂种或烂秧，故需催好芽。

十五、 水稻旱青立病

分布与为害

水稻旱青立病是水稻生理性病害。

症状特征

病株在孕穗前和健株没有明显的差异。在抽穗时，茎叶突然明显变浓变绿、变粗、变硬，抽穗速度较健株慢，有卡口和包颈现象；穗粒枝梗多呈"扫帚丝"状，穗上混生少数健粒，多数颖壳畸形，内、外颖尖弯曲，呈鹰钩嘴状，不能正常闭合（图1）；内、外颖不在同一平面呈夹角，比例不协调或有外颖无内颖，或反之；颖花丛生，重颖；雌、雄蕊退化，不能正常发育；护颖畸形增大，部分颖花脱化；结实率低，减产严重（图2）。

图1　水稻旱青立病病粒

图2　水稻旱青立病病穗

发生规律

本病发生病因主要是土壤有机质含量低，土壤容易淀浆板结，理化性质差，活性微量元素不足。常见发病田块为沙质土、旱改水、新改造的田块，病株多呈条状或块状分布，与水稻品种无直接关系。

防治措施

本病主要以农业预防措施为主。

1. 改良土壤

改良土壤最有效的方法是增施有机肥和降低土壤酸度。整地时（直播或移栽前 30 d）每亩用 50~75 kg 生石灰降低土壤酸度可以提高水稻根系活性，达到对水肥的吸收能力，直播或移栽前亩施有机肥（生物）50~75 kg 做基肥可以增加土壤有机质，改善土壤团粒结构。

2. 合理灌溉

水稻孕穗—抽穗期为水分敏感期，应加强田间水分管理，保证土壤水分均匀供给。

3. 合理施肥

杜绝偏施氮肥，适当增加钾、锌、硼、硫等营养元素。

十六、 水稻赤枯病

分布与为害

水稻赤枯病是水稻一种生理性病害，又称铁锈病，俗称熬苗、坐蔸。

症状特征

本病可分为以下三种类型。

1. 缺钾型水稻赤枯病

本类型在分蘖前始现，分蘖末发病明显，病株矮小，生长缓慢，分蘖减少，叶片狭长而软弱披垂，下部叶自叶尖沿叶缘向基部扩展变为黄褐色，并产生赤褐色或暗褐色斑点或条斑。严重时自叶尖向下赤褐色枯死，整株仅有少数新叶为绿色，似火烧状（图1、图2）。根系黄褐色，根短而少。

图1　缺钾型水稻赤枯病病叶，自叶尖沿叶缘向基部扩展

图2　缺钾型水稻赤枯病病叶，产生赤褐色条斑

2. 缺磷型水稻赤枯病

本类型多发生于栽秧后 3~4 周，能自行恢复，孕穗期又复发。初在下部叶叶尖有褐色小斑，渐向内黄褐干枯，中肋黄化（图 3）。根系黄褐色，混有黑根、烂根。

图 3 缺磷型水稻赤枯病病叶

3. 中毒型水稻赤枯病

本类型移栽后返青迟缓，株型矮小，分蘖很少。根系变黑色或深褐色，新根极少，节上续生新根。叶片中肋初黄白化，接着周边黄化，重者叶鞘也黄化，出现赤褐色斑点，叶片自下而上呈赤褐色枯死，严重时整株死亡。

发生规律

缺钾型和缺磷型是生理性的。稻株缺钾，分蘖盛期表现严重，当钾、氮比（K_2O/N）降到 0.5 以下时，叶片出现赤褐色斑点。多发生于土层浅的沙土、红黄壤及漏水田，分蘖时气温低时也影响钾素吸收，造成缺钾型赤枯。缺磷型水稻赤枯病发生在红黄壤冷水田（一般缺磷）低温时间长，影响根系吸收，发病严重。中毒型水稻赤枯病主要发生在长期浸水、泥层厚、土壤通透性差的水田，如绿肥过量、施用未腐熟有机肥、插秧期气温低、有机质分解慢，以后气温升高，土壤中缺氧，有机质分解产生大量硫化氢、有机酸、二氧化碳、沼气等有毒物质，使苗根扎不稳，随着泥土沉实，稻苗发根分蘖困难，加剧中毒程度。

防治措施

（1）改良土壤，加深耕作层，增施有机肥，提高土壤肥力，改善土壤团粒结构。宜早施钾肥，如氯化钾、硫酸钾、草木灰、钾钙肥等。缺磷土壤，应早施、集中施过磷酸钙，每亩施 30 kg，或喷施 0.3% 磷酸二氢钾水溶液。忌追肥单施氮肥，否则加重发病。

（2）改造低洼浸水田，做好排水沟。绿肥做基肥，不宜过量，耕翻不能过迟。施用有机肥一定要腐熟，均匀施用。早稻要浅灌勤灌，及时耘田，增加土壤通透性。发病稻田要立即排水，酌施石灰，轻度摺田，促进浮泥沉实，以利新根早发。

（3）于水稻孕穗期至灌浆期叶面喷施万家宝 500~600 倍液等多功能高效液肥，隔 15 d 1 次。

第二部分 水稻害虫

一、稻飞虱

分布与为害

稻飞虱又名火蟓子、厌虫等，是我国水稻产区为害最严重的害虫之一，主要有灰飞虱、白背飞虱和褐飞虱三种。褐飞虱和白背飞虱一般由南方稻区迁飞而至，水稻前中期以白背飞虱为主，后期以褐飞虱为主。灰飞虱很少直接成灾，但能传播稻、麦、玉米等作物的病毒。该虫群集于稻株下部刺吸汁液，消耗稻株营养和水分，并在茎秆上留下伤痕、斑点，分泌的有毒物质导致烟霉滋生，严重时稻丛基部变黑（图1~3）。稻株受害后，叶片发黄干枯，植株低

图1　稻飞虱田间大发生状（以长翅为主）

图2　稻飞虱田间大发生状（以短翅为主）

图3　稻飞虱为害茎秆基部

矮,甚至不能抽穗。拔节期至乳熟末期为为害盛期,被害稻田常先在田中间出现"黄塘",造成典型症状"穿顶"或"虱烧"(图4)。乳熟

图4 稻飞虱为害造成穿顶

期受害,稻谷千粒重下降,瘪谷增加,严重时常造成水稻大片死秆倒伏(图5~7),对产量影响极大。轻者减产5%~10%,严重时减产50%以上,甚至颗粒无收。

图5 稻飞虱拔节抽穗期为害,严重田块远看如火烧

图6 稻飞虱灌浆期为害,严重田块减产严重

图7 左侧为稻飞虱为害严重的田块,大片死秆倒伏,基本绝收

形态特征

稻飞虱体型小，触角短锥状，有长翅型和短翅型。

1. 褐飞虱

褐飞虱长翅型成虫体长 3.6~4.8 mm，短翅型体长 2.5~4 mm，短翅型成虫翅长不超过腹部，雌虫体肥大。深色型头顶至前胸、中胸背板暗褐色，有 3 条纵隆起线；浅色型体黄褐色（图 8~10）。卵呈香蕉状，产在叶鞘和叶片组织内，长 0.6~1 mm，常数粒至一二十粒排列成串（图11、图 12）。老龄若虫分 5 龄，体长 3.2 mm，初孵时淡黄白色，后变为褐色。

图 8　长翅型褐飞虱

图 9　短翅型褐飞虱及若虫

图 10　群聚为害的短翅型褐飞虱

图 11　褐飞虱卵放大照

2. 白背飞虱

白背飞虱体灰黄色，有黑褐色斑，长翅型成虫体长 3.8~4.5 mm，短翅型 2.5~3.5 mm，体肥大，翅短，仅及腹部一半，头顶稍突出，前胸背板黄白色，中胸背板中央黄白色，两侧黑褐色（图 13）。卵长约 0.8 mm，长卵圆形，微弯，产于叶鞘或叶片组织内，一般 7~8 粒单行排列。老龄若虫体长 2.9 mm，初孵时，乳白色有灰色斑，3 龄后为淡灰褐色。

图 12　产在叶鞘和叶片组织内的褐飞虱卵

3. 灰飞虱

灰飞虱体浅黄褐色至灰褐色，长翅型成虫体长 3.5~4 mm，短翅型体长 2.3~2.5 mm，均较褐飞虱略小。头顶与前胸背板黄色，中胸背板雄虫黑色，雌虫中部淡黄色，两侧暗褐色（图 14）。卵长椭圆形稍弯曲，双行排成块，产在叶鞘和叶片组织内。老龄若虫体长 2.7~3 mm，深灰褐色。

图 13　白背飞虱

图 14　灰飞虱

发生规律

稻飞虱具有迁飞性和趋光性，且喜趋嫩绿，暴发性和突发性强，还能传染某些病毒病，是稻区主要害虫之一。稻飞虱在各地每年发生的世代数差异很大，河南省稻区一般发生4代，世代间均有重叠现象。褐飞虱和白背飞虱属远距离迁飞性害虫，灰飞虱属本地越冬害虫，以卵在各发生区杂草组织中或以若虫在田边杂草丛中越冬。河南省褐飞虱和白背飞虱初次虫源都是从南方迁入，一般年份6月中旬开始迁入，8月下旬至10月上旬开始往南回迁，7月中旬至9月上旬是稻飞虱的发生盛期，一旦条件适宜，往往暴发成灾，通常造成水稻倒秆、"穿顶"和"黄塘"。稻飞虱成虫和若虫都可以取食为害，以高龄若虫取食为害最重。成虫有短翅型和长翅型两种，长翅型成虫适合迁飞，短翅型成虫适宜定居繁殖，其产卵量显著多于长翅型成虫，短翅型成虫大量出现时是大发生的预兆。

褐飞虱是喜温型昆虫，在北纬25°以北的广大稻区不能越冬，生长发育的适宜温度为20~30 ℃，最适温度为26~28 ℃，要求相对湿度80%以上。1只褐飞虱雌成虫能产卵300~400粒，主害代卵一般7~13 d孵化为若虫，成虫寿命15~25 d。褐飞虱发生为害的轻重，主要与迁入的迟早、迁入量、气候条件、品种布局和品种抗（耐）虫性、栽培技术和天敌因素有关。盛夏不热、晚秋不凉、夏秋多雨等易发生，高肥密植稻田的小气候有利其生存。

白背飞虱安全越冬的地域、温度等习性与褐飞虱近似，迁飞规律与褐飞虱大致相同，但食性和适应性较褐飞虱宽，在稻株上取食的部位比褐飞虱稍高，可在水稻茎秆和叶片背面活动，能在15~30 ℃下正常生存，要求相对湿度80%~90%。初夏多雨、盛夏长期干旱，易引起大发生。白背飞虱一只雌成虫可产卵200~600粒。7~11 d孵化为若虫，成虫寿命16~23 d，其习性与褐飞虱相似。

灰飞虱一般先集中田边为害，后蔓延田中。越冬代以短翅型为多，其余各代长翅型居多，每雌产卵量100多粒。灰飞虱耐低温能力较强，但对高温适应性差，适温为25 ℃左右，超过30 ℃发育速率延缓，死亡率高，成虫寿命缩短。7~8月降雨少的年份有利于其发生。

防治措施

1. 农业防治

推广抗（耐）虫高产优质品种；健苗栽培，氮、磷、钾肥合理施用，重施基肥、早施追肥；实行科学的水肥管理，防止禾苗贪青徒长。

2. 生物防治

稻田蜘蛛、黑肩绿盲蝽等自然天敌能有效控制稻飞虱的种群数量，当蜘蛛与稻飞虱数量比为 1∶（8~9），稻飞虱密度（1 000~1 500）头/百丛以内时，控制效果较好，一般可不采取其他防治措施。

3. 化学防治

图 15　白背飞虱和天敌蜘蛛

（1）科学用药：稻田前期尽量少用杀虫剂，特别是三唑磷等杀虫剂。以保护穗期为重点，适当放宽防治指标，力求做到天敌等自然因子能控制的不用药防治（图 15），天敌不能控制为害时用药防治，坚持选用高效、低毒、低残留对口农药。

（2）防治指标：孕穗、抽穗期百丛虫量 1 000 头，齐穗期后百丛虫量 1 500 头。

（3）防治适期：在低龄（1、2 龄）若虫盛发期用药防治。

（4）防治用药：可亩用 25% 吡蚜·噻嗪酮可湿性粉剂 20~24 g，或 40% 毒死蜱乳油 80~120 mL，或 50% 稻丰散乳油 100~120 mL，或 10% 吡虫啉可湿性粉剂 20 g，或 25% 噻嗪酮可湿性粉剂 40~50 g，或 25% 噻虫嗪水分散粒剂 2~4 g 等药剂，对水 50~70 kg 喷雾防治。喷雾时，或将喷头塞进稻丛间，喷到稻丛基部稻飞虱栖息为害部位；或加大药液量，使药液下流到稻丛下部，触杀害虫。施药期间保持 3~5 cm 浅水层 3~5 d，以提高防治效果。

二、 稻纵卷叶螟

分布与为害

　　稻纵卷叶螟又名刮青虫、稻纵卷叶虫、纵卷螟，是稻区主要害虫之一。水稻在分蘖期至抽穗期都能遭受稻纵卷叶螟为害，主要以低龄幼虫在嫩叶尖（上部）纵卷结成小虫苞或称束叶苞，叶苞下端可见丝状相连（图 1、图 2），幼虫匿居其中仅取食叶肉而叶片留下白斑（图

图 1　稻纵卷叶螟低龄幼虫卷的小苞叶　　　　图 2　稻纵卷叶螟大龄幼虫卷的大苞叶

3、图 4），当发生严重时"虫苞累累，白叶满田"（图 5、图 6）。水稻苗期受害影响正常生长，甚至枯死；分蘖期至拔节期受害，分蘖减少，植株缩短，生育期推迟；孕穗后特别是抽穗到齐穗期剑叶被害，影响开花结实，空壳率提高，千粒重下降。一般可损失 10%~20%，严重的损失超过 50%。一头幼虫一生可食叶 5~7 片，多者达 9~12 片。1~3 龄

图3　稻纵卷叶螟幼虫为害后外部叶片白条斑

图4　稻纵卷叶螟幼虫在稻叶内啃食形成的条状白斑

图5　稻纵卷叶螟幼虫大田严重为害后白叶满田

图6　稻纵卷叶螟大田为害后处处虫苞

幼虫食叶量仅为10%，高龄幼虫取食量大。稻纵卷叶螟对上部功能叶片的为害直接影响了水稻灌浆物质的积累，尤以抽穗期、孕穗期受害损失最大。

形态特征

1.成虫

成虫体长约为1 cm，体黄褐色。前翅有两条褐色横线，两线间有1条短线，外缘有1条暗褐色宽带（图7、图8）。

2.卵

卵一般单产于叶片背面，粒小。

图 7　稻纵卷叶螟成虫　　　　　　　图 8　灯光诱集的稻纵卷叶螟成虫

3. 幼虫

幼虫通常有 5 个龄期。一般稻田间出现大量蛾子后约 1 周，便出现幼虫，刚孵化出的幼虫很小，肉眼不易看见。低龄幼虫体淡黄绿色，高龄幼虫体深绿色至橘红色（图 9、图 10）。

4. 蛹

蛹体长 7~10 mm，圆筒形，初淡黄色，渐变黄褐色，后转为红棕色，

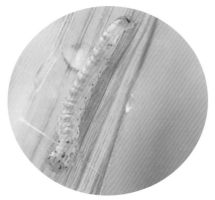

图 9　稻纵卷叶螟低龄幼虫　　　　　图 10　稻纵卷叶螟高龄幼虫及虫粪

外常包有白色薄茧 (图 11、图 12)。

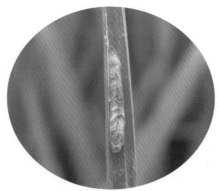

图 11　包有白色薄茧的稻纵卷叶螟蛹　　图 12　稻纵卷叶螟蛹后期

发生规律

　　稻纵卷叶螟是一种远距离迁飞性害虫，在北纬 30° 以北稻区不能越冬，故河南省稻区初次虫源均自南方稻区迁来。1 年发生的世代数随纬度和海拔高度形成的温度而异，河南省稻区一般 1 年发生 4 代，常年 6 月上旬至 7 月中旬从南方稻区迁来，7 月上旬至 8 月上旬为主害期。该虫的成虫有趋光性，栖息趋隐蔽性和产卵趋嫩性，且能长距离迁飞。成虫羽化后 2 d 常选择生长茂密的稻田产卵，产卵位置因水稻生育期而异，卵多产在叶片中脉附近。适温高湿产卵量大，一般每雌产卵 40~70 粒，最多 150 粒以上；卵多单产，也有 2~5 粒产于一起。气温 22~28 ℃、相对湿度 80% 以上，卵孵化率可达 80% 以上。1 龄幼虫在分蘖期爬入心叶或嫩叶鞘内侧啃食，在孕穗抽穗期，则爬至老虫苞或嫩叶鞘内侧啃食。2 龄幼虫可将叶尖卷成小虫苞，然后吐丝纵卷稻叶形成新的虫苞，幼虫潜藏虫苞内啃食。幼虫蜕皮前，常转移至新叶重新做苞。4~5 龄幼虫食量占总取食量 95% 左右，为害最大。老熟幼虫在稻丛基部的黄叶或无效分蘖的嫩叶苞中化蛹，有的在稻丛间，少数在老虫苞中。

　　该虫喜欢生长嫩绿、湿度大的稻田。适温高湿情况下，有利于成虫产卵、孵化和幼虫成活，因此，多雨日及多露水的高湿天气有利于稻纵卷叶螟发生。多施氮肥、迟施氮肥的稻田发生量大，为害重。水稻叶片窄、生长挺立（田间通风透光好）、叶面多毛的品种不利于稻纵卷叶螟发生；水稻叶片宽、生长披垂（田间通风透光差）、叶面少毛的品种有利于稻纵卷叶螟发生。若遇冬季气温偏高，其越冬地界北移，翌年发生早；夏季多台风，则随气流迁飞机会增多，发生加重。

防治措施

稻纵卷叶螟的防治应以保护水稻三片功能叶为重点，按照防治指标，适时开展化学防治，同时注重选用抗（耐）虫品种、肥水管理和保护天敌。

1. 农业防治

选用抗（耐）虫品种、肥水管理（基肥足、追肥稳、后期不贪青）的方法，调控水稻生长。

2. 生物防治

稻纵卷叶螟天敌有绒茧蜂、蜘蛛、青蛙、蜻蜓、隐翅虫等。尽量选用 Bt（苏云金芽孢杆菌）制剂，或 Bt 复配剂，或其他对天敌杀伤力小的生物农药，发挥天敌的自然控制作用。

3. 化学防治

（1）防治适期：在卵孵化至 3 龄之前幼虫高峰期进行防治。

（2）防治指标：分蘖、圆秆期每百丛有 2~3 龄幼虫 30~40 头或束叶小苞 40~50 个；孕穗、始穗期每百丛有 2~3 龄幼虫 20~30 头或束叶小苞 30~40 个。

（3）防治药剂与方法：如果稻纵卷叶螟成虫量大（每 25 丛可见 5~10 只蛾子），防治适期就要提前到始见蛾子后 1 周（大约是卵开始孵化期）。可亩选用 50% 稻丰散乳油 100~120 mL，或 40% 毒死蜱乳油 100 mL，或 20% 氯虫苯甲酰胺胶悬剂 10 mL，或 1.8% 阿维菌素乳油 80~100 mL，或 15% 茚虫威乳油 12 mL 等药剂，对水 50 kg 喷雾（在 2 龄前施药）防治，防治时，田间保水 3~5 cm，3~5 d，以保证防治效果。

三、 二化螟

分布与为害

　　二化螟别名钻心虫、蛀心虫，是水稻产区主要害虫之一，较三化螟和大螟分布广，近年来发生数量呈明显上升的态势。除为害水稻外，还为害茭白、玉米、高粱、油菜、麦类等作物以及芦苇、稗等杂草。水稻分蘖期受害造成枯鞘、枯心苗（图1、图2），穗期受害可造成枯孕穗、虫伤株、白穗等（图3），一般年份减产5%~10%，

图1　二化螟造成的水稻枯鞘

图2　二化螟造成的水稻枯心

图3　二化螟造成的水稻白穗

严重时减产 50% 以上（图 4）。

图 4　二化螟稻田成片为害状

形态特征

1. 成虫

成虫（图 5）前翅近长方形，灰黄褐色，翅外缘有 7 个小黑点。雌蛾体长 12~15 mm，腹部纺锤形，背有灰白色鳞毛，末端不生丛毛；雄蛾体长 10~12 mm，腹部圆筒形，前翅中央有 1 个灰黑色斑点，下面还有 3 个灰黑色斑点。

图 5　二化螟成虫

2. 卵

卵块为扁平椭圆形，几十粒至几百粒呈鱼鳞状排列成块，表层覆盖透明的胶质物，初产时呈乳白色，至孵化呈黑褐色（图 6、图 7）。

图 6　二化螟卵块前期

图 7　二化螟卵块后期

3. 幼虫

幼虫一般6龄，老熟时体长20~30 mm。初孵化时淡褐色，头淡黄色；2龄以上幼虫在腹部背面有5条棕色纵线；老熟幼虫呈淡褐色（图8~12）。

图8　二化螟越冬幼虫

图9　二化螟蚁螟

图11　二化螟幼虫

图10　二化螟大龄幼虫

图12　二化螟集中为害

4. 蛹

蛹呈圆筒形。初化蛹时，体由乳白色到米黄色，腹部背面尚存 5 条明显纵纹，以后随着蛹色逐渐变淡，5 条纵纹也逐渐隐没（图 13、图 14）。

图 13　二化螟蛹

图 14　稻秆中的二化螟蛹

发生规律

1. 发生世代和发生时期

二化螟在河南 1 年发生 2~3 代，以 1 代为害为主，属于 1 代多发型；2 代受夏季高温干旱及稻株较老影响，不利于蚁螟侵入存活，发生程度一般较 1 代轻；二化螟一般 2 代进入滞育，但由于 8 月气温普遍偏高，近年来部分 2 代二化螟转化为 3 代，对迟熟优质稻的为害较大。二化螟在豫南发生情况：越冬代蛾 4 月下旬始见，5 月中下旬出现盛期；1 代蛾 7 月上旬始见，7 月中下旬出现盛期；2 代蛾 8 月上旬始见，一般无盛期。1 代卵 5 月下旬至 6 月初为盛孵期，2 代卵 7 月下旬为盛孵期。初孵幼虫先侵入叶鞘集中为害，造成枯鞘，到 2~3 龄后蛀入茎秆，造成枯心、白穗和虫伤株；初孵幼虫在苗期水稻上一般分散或几条幼虫集中为害；在大的稻株上，一般先集中为害，数十至百余条幼虫集中在一稻株叶鞘内，至 3 龄幼虫后才转株为害。

2. 影响其发生的因素

（1）虫源场所：以幼虫在稻茬、稻草中及其他寄主植物根茎、茎秆中越冬，越冬幼虫在春季化蛹羽化。有世代重叠现象。不同越冬场所的幼虫化蛹、羽化期有显著差异，往往形成多个蛾高峰。

（2）耕作制度与栽培管理：冬种作物面积大，尤其免耕面积增加，水稻机械收割，有利于二化螟越冬；水稻播栽期提早，有利于水稻二化螟的侵入和成活。二化螟幼虫生活力强，食性广，耐干旱、潮湿和低温等恶劣环境，故越冬死亡率低。

（3）水稻品种：成虫昼伏夜出，趋光性强。一般籼稻比粳稻受害重；特别是杂交水稻，秆粗叶阔，叶色嫩绿，水稻二化螟卵块密度高，为害重。

（4）气候：早春气温高低影响越冬代水稻二化螟发生的迟早，若早春气温回升快，越冬代发生期提早，有效虫源增加；春季雨水偏多，越冬代死亡率提高，有效虫源减少。气温为 22~26 ℃、相对湿度为 80%~90% 时，有利于螟卵孵化；气温在 20~30 ℃、相对湿度在 70% 以上时，有利于幼虫的发育。

（5）天敌：天敌对二化螟的数量增长起到一定抑制作用。卵寄生蜂有稻螟赤眼蜂、螟黄赤眼蜂等；幼虫和蛹则受多种姬蜂、茧蜂的寄生；寄生蝇和线虫对幼虫的寄生率也较高。

防治措施

1. 农业防治
水稻收割后及时翻耕灌水，淹死稻茬内幼虫；处理玉米、高粱等寄主茎秆；铲除田边杂草，消灭越冬虫源；适时插秧、加强田间管理，使水稻生长整齐，卵孵化盛期与水稻分蘖期及孕穗期错开；避免过量使用氮肥；人工摘除卵块，拔除枯心株、白穗株。

2. 物理防治
利用频振式杀虫灯或性诱剂等诱杀螟蛾。

3. 生物防治
尽量使用生物农药，保护天敌，发挥天敌的自然控制作用。

4. 化学防治
采取狠治 1 代的防治策略，既可保苗，又可压低下一代虫口密度。

防治指标为每亩有卵 120 块，或每亩有 60 个集中被害株的田块。防治对象田以施用氮肥过多、叶色浓绿、生长茂盛的稻田为主。可在卵孵盛期亩选用 40% 毒死蜱乳油 80~120 mL，或 1.9% 甲维盐微乳剂 50 mL，或 20% 氯虫苯甲酰胺悬浮剂 10 mL，或 10% 阿维·氟酰胺悬浮剂 30 mL，或 50% 稻丰散乳油 100~120 g，或 20% 三唑磷乳油 100~120 mL 等药剂，对水 50 kg 均匀喷雾。防治时田间要留 3 cm 深水。

四、 三化螟

分布与为害

　　三化螟是稻区主要害虫之一，曾是螟虫的优势种，近年来发生程度逐年降低，为害远较二化螟轻。三化螟食性单一，专食水稻。水稻苗期和分蘖期，初孵幼虫从水稻茎部蛀入，1周左右，造成枯心苗；孕穗末期至抽穗初期，初孵幼虫从包裹稻穗的叶鞘上或稻穗破口处侵入，取食稻花发育至2龄，在稻穗颈部咬孔侵入，并咬断稻茎造成枯孕穗和白穗，转株为害还形成虫伤株（图1~3）。一般发生年份，为

图1　三化螟水稻茎秆基部为害状

图2　三化螟造成的水稻白穗

图3　三化螟造成的稻田大片白穗

害率在 5%~10%；发生重的年份，损失产量在 20% 以上。

形态特征

1. 成虫

雌蛾体长约 12 mm，前翅三角形，淡黄白色，中央有 1 个黑点，腹部末端有一撮黄色绒毛（图 4）；雄蛾体长约 9 mm，前翅淡灰褐色，中央小黑点比较模糊，从翅尖到后缘有 1 条黑色带纹。

2. 卵

卵块长椭圆形，略扁，初产时蜡白色，孵化前呈灰黑色，每卵块有卵 10~100 粒，卵块上覆盖有棕色绒毛（图 5）。

图 4　三化螟成虫

图 5　三化螟卵孵化及蚁螟

3. 幼虫

一般 4~5 龄。初孵时灰黑色，1~3 龄幼虫体黄白色至黄绿色；老熟时长 14~21 mm，头淡黄褐色，身体淡黄绿色或黄白色，从 3 龄起，背中线清晰可见。腹足退化明显（图 6、图 7）。

图 6　三化螟幼虫

4. 蛹

蛹为细长圆筒状，初为乳白色，后变为黄褐色（图 8 ）。

图 7 稻秆中的三化螟幼虫

图 8 三化螟蛹

发生规律

1. 发生世代和发生期

水稻三化螟的发生代数随气候不同差异很大，河南省一般 1 年发生 3 代，在部分地区第 3 代幼虫少量个体可继续发育出第 4 代。三化螟对温度的敏感性较强，温度的变化可以直接影响其发育、为害，故暖冬越冬基数大，冷冬越冬基数小。春季 4 月温度变幅大，可造成化蛹期三化螟大量死亡。三化螟总体越冬基数小于二化螟，其种群数量主要靠逐代累积增大，所以三化螟属于 3 代大发生型。三化螟越冬代蛾于翌年 5 月初始见，一般 5 月中下旬出现盛发期；1 代蛾 6 月下旬始见，7 月上旬盛发；2 代蛾 7 月下旬始见，8 月上旬盛发；3 代蛾 9 月初始见，无峰期。1 代卵 5 月下旬盛孵，2 代卵 7 月中旬初盛孵，3 代卵 8 月上旬盛孵。

2. 影响其发生的因素

水稻三化螟成虫昼伏夜出，有较强的趋光性。产卵具有趋嫩绿习性，卵块产于叶面，表面有绒毛覆盖，水稻处于分蘖期或孕穗期，或施氮肥多，长相嫩绿的稻田，卵块密度高。初孵幼虫多先爬向叶尖，吐丝随风飘荡到附近稻株，分散钻入稻株。被害的稻株，每株多为 1 头幼虫，幼虫 2 龄以后有转株为害的习性，每头幼虫多转株 1~3 次，以 3、4 龄幼虫转株为害最盛。幼虫一般在 4 龄或 5 龄老熟后在稻茎内下移至基部化蛹。

三化螟的发生为害主要受水稻耕作栽培、生育期、气候、天敌和防治等因素影响。从栽培技术上讲，基肥足，水稻健壮，抽穗迅速、整齐的稻田螟害轻；追肥过迟和偏施氮肥，水稻徒长，螟害重。水稻不同生育期，水稻三化螟蚁螟的侵入率和成活率有明显的差异。一般水稻分蘖期和孕穗期蚁螟侵入率高，其次为抽穗期，圆秆期蚁螟侵入率较低。因此，分蘖期和孕穗至破口露穗期这两个生育期，是水稻受螟害的"危险生育期"。春季温度的高低直接影响第 1 代发生的迟早，一般旬平均温度达 17 ℃左右即进入化蛹盛期。冬、春季湿度对水稻三化螟越冬死亡率影响极大，特别是越冬代幼虫化蛹阶段经常降水或田间积水，死亡率可达 90% 以上。

水稻三化螟的天敌较多，有捕食性的青蛙、蜘蛛、蜻蜓、步行虫、隐翅虫、瓢虫，以及寄生性的稻螟赤眼蜂、螟卵啮小蜂、长腹黑卵蜂、螟黑卵蜂等寄生蜂。

防治措施

1. 农业防治

采取秋耕灭茬、春季灌水措施；调整水稻栽播期，压低越冬及冬后残留基数，减少秧田 1 代有效虫量；调整水稻品种布局，减轻 3 代为害。

2. 物理防治

利用频振式杀虫灯或性诱剂等诱杀螟蛾。

3. 生物防治

尽量使用生物农药，保护天敌，发挥天敌的自然控制作用。

4. 化学防治

防治策略为压前、控后、保苗、保穗。

（1）防治枯心苗：在卵块孵化始盛期进行调查，当丛枯心率达

2%~3% 时进行药剂防治。

（2）预防白穗：在卵盛孵期，对破口抽穗的稻田用药一次，发生量大或水稻抽穗期长，需在齐穗时 (80% 左右抽穗) 再用药一次。

（3）防治药剂：可亩选用 50% 杀螟松乳油 100 mL，或 25% 杀虫双水剂 250 mL，或 1.9% 甲维盐微乳剂 50 mL，或 20% 氯虫苯甲酰胺悬浮剂 10 mL，或 40% 毒死蜱乳油 100 mL，或 20% 三唑磷乳油 120 mL 等药剂，对水喷雾。田间保水 3~5 cm，3~5 d，以保证防治效果。

五、 大 螟

分布与为害

　　大螟别名稻蛀茎夜蛾、紫螟。该虫原仅在稻田周边零星发生，随着耕作制度的变化，尤其是推广杂交稻以后，发生程度显著上升，近年来在我国部分地区更有超过三化螟的趋势，成为水稻常发性害虫之一。大螟为害状与二化螟相似，以幼虫蛀入稻茎为害，可造成枯鞘、枯心苗、枯孕穗、白穗及虫伤株（图1）。大螟为害的蛀孔较大，虫粪多，有大量虫粪排出茎外，受害稻茎的叶片、叶鞘部都变为黄色，有别于二化螟。大螟造成的枯心苗田边较多，田中间较少，有别于二化螟、三化螟为害造成的枯心苗。

图1　大螟为害水稻造成白穗

形态特征

1. 成虫

雌蛾体长 15 mm，翅展约 30 mm，头部、胸部浅黄褐色，腹部浅黄色至灰白色；触角丝状，前翅近长方形，浅灰褐色，中间具 4 个小黑点且排成四边形。雄蛾体长约 12 mm，翅展 27 mm，触角栉齿状 (图 2)。

2. 卵

卵扁圆形，初白色后变灰黄色，表面具细纵纹和横线，聚生或散生，常排成 2~3 行。

图 2　大螟成虫

3. 幼虫

幼虫共 5~7 龄，3 龄前幼虫鲜黄色；末龄幼虫体长约 30 mm，老熟时头红褐色，体背面紫红色 (图 3、图 4)。

图 3　大螟幼虫

图 4　稻秆中的大螟幼虫

4. 蛹

蛹长 13~18 mm，粗壮，红褐色，腹部具灰白色粉状物，臀棘有 3 根钩棘（图 5）。

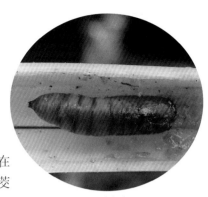

图 5　大螟蛹

发生规律

一年发生 4 代左右，以幼虫在稻茬、杂草根间、玉米、高粱及茭白等残体内越冬。翌春老熟幼虫在气温高于 10 ℃时开始化蛹，15 ℃时羽化，越冬代成虫把卵产在春玉米或田边看麦娘等杂草叶鞘内侧，幼虫孵化后再转移到邻近边行水稻上蛀入叶鞘内取食，蛀入处可见红褐色锈斑块。3 龄前常十几头群集在一起，把叶鞘内层吃光，后钻进心部造成枯心。3 龄后分散，为害田边 2~3 墩稻苗，蛀孔距水面 10~30 cm，老熟时在叶鞘处化蛹。成虫趋光性不强，飞翔力弱，常栖息在株间。每只雌虫可产卵 240 粒，卵历期 1 代为 12 d，2、3 代 5~6 d；幼虫期 1 代约 30 d，2 代 28 d，3 代 32 d；蛹期 10~15 d。一般田边比田中产卵多，为害重。稻田附近种植玉米、茭白等的地区大螟为害比较严重。

防治措施

1. 农业防治

冬春期间铲除田边杂草，消灭其中越冬幼虫和蛹；早稻收割后及时翻耕沤田；早玉米收获后及时清除遗株，消灭其中幼虫和蛹；有茭白的地区，应在早春前齐泥割去残株。

2. 化学防治

根据"狠治一代，重点防治稻田边行"的防治策略，当枯鞘率达5%，或始见枯心苗为害状时，在幼虫 1~2 龄阶段，及时喷药防治。可亩用 18% 杀虫双水剂 250 mL，或 90% 杀螟丹可溶性粉剂 150~200 g，或 50% 杀螟丹乳油 100 mL 等药剂，对水 50 kg 喷雾。

六、　稻蓟马

分布与为害

　　稻蓟马在各水稻生产区均有发生。稻蓟马多在寄主植物的心叶内活动为害，成虫、若虫以口器锉破叶面，叶面呈微细黄白色斑，叶尖两边向内卷褶，渐及全叶卷缩枯黄，分蘖初期受害重的稻田，苗不长、根不发、无分蘖，甚至成团枯死（图1~4）。晚稻秧田受害更为严重，常成片枯死，状如火烧。穗期成、若虫趋向穗苞，扬花时，转入颖壳内，为害子房，造成空瘪粒，对产量影响极大。

 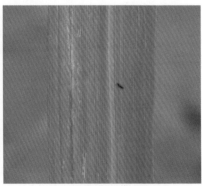

图1　稻蓟马田间为害状　　　　　　图2　稻蓟马叶片为害状

图 3　稻蓟马为害苗（右边）与健苗比较

图 4　稻蓟马为害叶尖造成卷缩枯黄

形态特征

1. 成虫

成虫体长 1~1.3 mm，黑褐色，头近似方形，触角 8 节，翅浅黄色、羽毛状，腹末雌虫锥形，雄虫较圆钝 (图 5)。

2. 卵

卵为肾形，长约 0.26 mm，黄白色。

3. 若虫

若虫共 4 龄，4 龄若虫又称蛹，长 0.8~1.3 mm，淡黄色，触角折向头与胸部背面。

图 5　稻蓟马成虫

发生规律

稻蓟马生活周期短，发生代数多，世代重叠，田间世代很难划分。多数以成虫在麦田、茭白及禾本科杂草等处越冬。成虫常藏身卷叶尖或心叶内，早晚及阴天外出活动，能飞，能随气流扩散。卵散产于叶脉间，有明显趋嫩绿稻苗产卵习性。初孵幼虫集中在叶耳、叶舌处，更喜欢在幼嫩心叶上为害。若7~8月遇低温多雨，则有利其发生为害；秧苗期、分蘖期和幼穗分化期，是稻蓟马的为害高峰期，尤其是水稻品种混栽田、施肥过多及本田初期受害会加重。

防治措施

1. 农业防治

尽量避免早、中、晚稻品种混栽，播种期和栽秧期相对集中，以减少稻蓟马的繁殖桥梁田和辗转为害的机会；在施足基肥的基础上，适期适量追施返青肥，促使秧苗正常生长，减轻为害；适时晒田、摺田，及时铲除田边、沟边杂草，提高植株耐虫能力和消灭越冬虫源。

2. 生物防治

稻蓟马的天敌主要有花蝽、微蛛、稻红瓢虫等，要保护天敌，发挥天敌的自然控制作用。

3. 化学防治

采取"狠治秧田，巧治大田；主攻若虫，兼治成虫"的防治策略。依据稻蓟马的发生为害规律，防治适期为秧苗四叶期、五叶期和稻苗返青期。防治指标为若虫发生盛期，当秧田百株虫量达到200~300头或卷叶株率达到10%~20%，水稻本田百株虫量达到300~500头或卷叶株率达到20%~30%时，应进行药剂防治。可亩用90%敌百虫晶体1 000倍液，或48%毒死蜱乳油80~100 mL或10%吡虫啉可湿性粉剂20 g等药剂对水50 kg田间均匀喷雾，以清晨和傍晚防治效果较好。由于受害水稻生长势弱，适当增施速效肥可帮助其恢复生长，减少损失。

七、 稻苞虫

分布与为害

　　稻苞虫又名直纹稻弄蝶、一字纹稻弄蝶、苞叶虫等，是水稻上一种食叶害虫。主要以幼虫吐丝黏合数叶至十余叶成苞，苞略呈纺锤形，并蚕食叶片，轻则造成缺刻，重则吃光叶片（图1~3）。分蘖期受害影响水稻正常生长，抽穗前受害重的可使稻穗卷曲苞内，影响抽穗、开花和结实。

图1　稻苞虫幼虫把稻叶吃成缺刻

图2　稻苞虫幼虫卷叶的丝

图3　稻苞虫幼虫卷的苞叶

形态特征

1. 成虫

成虫体长 16~20 mm，翅展 28~40 mm，体及翅均为棕褐色，并有金黄色光泽。前翅有 7~8 枚排成半环状的白斑，下边一个大。后翅中间具 4 个半透明白斑，呈直线或近直线排列（直纹稻弄蝶之名即出于此）（图 4）。

图 4 稻苞虫成虫

2. 卵

卵半球形，直径 0.8~0.9 mm，初产时淡绿色，孵化前变褐色至紫褐色，卵顶花冠具 8~12 瓣。

3. 幼虫

幼虫两端细小，中间粗大，略呈纺锤形。末龄幼虫体长 27~28 mm，体绿色，头黄褐色，中部有"W"形深褐色纹。背线宽而明显，深绿色（图 5~8）。

图 5 稻苞虫低龄幼虫

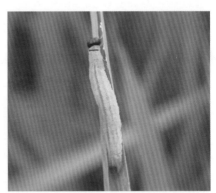

图 6 稻苞虫大龄幼虫

图 7　卷在苞叶中的稻苞虫大龄幼虫

图 8　稻苞虫老熟幼虫

4. 蛹

蛹长 22~25 mm，黄褐色，近圆筒形，头平尾尖。初蛹嫩黄色，后变为淡黄褐色，老熟蛹变为灰黑褐色，第 5、6 腹节腹面中央有 1 个倒"八"字形纹（图 9~11）。

图 9　稻苞虫初蛹

图 10　稻叶中的稻苞虫蛹

图 11　稻苞虫老熟幼虫及蛹

发生规律

稻苞虫在河南省每年发生 4~5 代。以老熟幼虫在田边、沟边、塘边等处的芦苇等杂草间，以及茭白、稻茬和再生稻上结苞越冬，越冬场所分散。越冬幼虫翌春小满前化蛹羽化为成虫后，主要在野生寄主上产卵繁殖 1 代，以后的成虫飞至稻田产卵。以 6~8 月发生的 2、3 代为主害代。成虫夜伏昼出，飞行力极强，以嗜食花蜜补充营养。有趋绿产卵的习性，喜在生长旺盛、叶色浓绿的稻叶上产卵；卵散产，多产于寄主叶的背面，一般 1 叶仅有卵 1~2 粒；少数产于叶鞘。单雌产卵量平均 65~220 粒。初孵幼虫先咬食卵壳，爬至叶尖或叶缘，吐丝缀叶结苞取食，幼虫白天多在苞内，清晨或傍晚，或在阴雨天气时常爬出苞外取食，咬食叶片，不留表皮，大龄幼虫可咬断稻穗小枝梗。3 龄后抗药力强。有咬断叶苞坠落，随苞漂流或再择主结苞的习性。田水落干时，幼虫向植株下部老叶转移，灌水后又上移。幼虫共 5 龄，老熟后，有的在叶上化蛹，有的下移至稻丛基部化蛹。化蛹时，一般先吐丝结薄茧，将腹部两侧的白色蜡质物堵塞于茧的两端，再蜕皮化蛹。山区野生蜜源植物多，有利于繁殖；阴雨天，尤其是时晴时雨，有利于大发生。

防治措施

1. 农业防治

结合冬季积肥，铲除田边、沟边、塘边杂草及茭白残株，减少越冬虫源；幼虫虫量不大或虫龄较高时，可人工剥虫苞，捏死幼虫和蛹，或用拍板、鞋底拍杀幼虫。

2. 生物防治

保护利用寄生蜂等天敌昆虫。

3. 化学防治

当百丛水稻有卵 80 粒或幼虫 10~20 头时，在幼虫 3 龄以前，抓住重点田块进行药剂防治。每亩可用 90% 晶体敌百虫 75~100 g，或 50% 杀螟松乳油 100~250 mL 等药剂，对水喷雾。

八、中华稻蝗

中华稻蝗主要为害水稻等禾本科作物及杂草，各稻区均有分布，是水稻上的重要害虫。中华稻蝗成、若虫均能取食水稻叶片，造成缺刻（图1、图2），严重时稻叶被吃光，也可咬断稻穗和乳熟的谷粒，影响产量。

图1　中华稻蝗为害水稻幼苗　　　　图2　中华稻蝗啃食水稻叶片

形态特征

1. 成虫

雌虫体长 20~44 mm，雄虫体长 15~33 mm；全身黄褐色或黄绿色，头顶两侧在复眼后方各有 1 条暗褐色纵纹，直达前胸背板的后缘。体分头、胸、腹三部分（图 3~5）。

2. 卵

卵似香蕉形，深黄色，卵成堆，外有卵囊。

3. 若虫

若虫称蝗蝻，体比成虫略小，无翅或仅有翅芽，一般 6 龄（图 6）。

图 3　中华稻蝗成虫

图 4　中华稻蝗成虫侧面

图 5　田间中华稻蝗成虫

图 6　中华稻蝗若虫

发生规律

1. 发生世代和发生时期

中华稻蝗每年发生1代，以卵在土表层越冬，3月下旬至清明前孵化，一般6月上旬出现成虫。低龄若虫在孵化后有群集生活习性，取食田埂沟边的禾本科杂草；3龄以后开始分散，迁入秧田食害秧苗，水稻移栽后再由田边逐步向田内扩散；4龄起食量大增，且能咬茎和谷粒，至成虫时食量最大，扩散到全田为害。7~8月的水稻拔节孕穗期是稻蝗大量扩散为害期。

2. 影响其发生的因素

该虫的发生与稻田生态环境、气候等有密切的关系。田埂边发生重于田中间，因蝗虫多就近取食，且田埂日光充足，有利其活动；老稻区发生重，新稻区发生轻，因老稻田卵块密度大，基数大；田埂湿度大，环境稳定，有利其发生；1年一熟田发生重，两熟田发生轻；冬春气温偏高有利于其越冬卵的成活、孵化和为害。

防治措施

1. 农业防治

稻蝗喜在田埂、地头、沟渠旁产卵，发生重的地区组织人力于冬春铲除田埂草皮，破坏其越冬场所。

2. 生物防治

放鸭啄食及保护和利用青蛙、蟾蜍等天敌，可有效抑制稻蝗发生。

3. 化学防治

利用3龄前稻蝗群集在田埂、地边、渠旁取食杂草嫩叶特点，突击防治。当进入3~4龄后常转入大田，当百株有虫10头以上时，每亩应及时使用70%吡虫啉可湿性粉剂2 g，或25%噻虫嗪水分散粒剂4~6 g，或2.5%溴氰菊酯乳油20~30 mL等药剂，对水50 kg喷雾，均能取得良好防效。

九、　黑尾叶蝉

分布与为害

　　黑尾叶蝉别名黑尾浮沉子。广泛分布于我国各稻区，尤以长江中上游和西南各省发生较多，是我国稻叶蝉的优势种。寄主有水稻、茭白、慈姑、小麦、大麦、看麦娘、李氏禾、结缕草、稗草等。取食和产卵时刺伤寄主茎叶，破坏输导组织，受害处呈现棕褐色条斑，致植株发黄或枯死。该虫还能传播水稻普通矮缩病（图1、图2）、黄萎病（图3）和黄矮病（图4）。

图1　水稻普通矮缩病叶片虚线状黄白色失绿条

图2　水稻普通矮缩病叶缘波状缺刻

图 3　水稻黄萎病病株

图 4　水稻黄矮病病株

形态特征

1. 成虫

成虫体长 4.5~6 mm。黄绿色。头与前胸背板等宽，向前成钝圆角突出，头顶复眼间接近前缘处有 1 条黑色横凹沟，内有 1 条黑色亚缘横带。复眼黑褐色，单眼黄绿色。雄虫额唇基区黑色，前唇基及颊区为淡黄绿色；雌虫颜面为淡黄褐色，额唇基的基部两侧区各有数条淡褐色横纹，颊区淡黄绿色。前胸背板两性均为黄绿色。小盾片黄绿色。前翅淡蓝绿色，前缘区淡黄绿色，雄虫翅端1/3 处黑色，雌虫为淡褐色（图5~8）。雄虫胸、腹部腹面及背面黑色，雌虫腹面淡黄色，腹背黑色。各足黄色。

2. 卵

卵长茄形，长 1~1.2 mm。

图 5　黑尾叶蝉成虫（1）

3. 若虫

若虫共 4 龄，末龄若虫体长 3.5~4 mm。

图 6　黑尾叶蝉成虫（2）

图 7　黑尾叶蝉成虫为害状（1）

发生规律

　　黑尾叶蝉在田间世代重叠，江浙一带年生 5~6 代，以 3~4 龄若虫及少量成虫在绿肥田边、塘边、河边的杂草上越冬。越冬若虫多在 4 月羽化为成虫，迁入稻田或茭白田为害，少雨年份易大发生。6 月上中旬为害早稻抽穗期和晚稻秧田；第 6 代于 8 月中下旬为害晚稻孕穗和抽穗期，这几个时期发生数量大，为害较严重。此虫一般从田边向田中蔓延，田边稻株受害较重。成虫趋光性强，并趋向嫩绿稻株产卵。卵多产在叶鞘边缘内侧，少则几粒多则超过 30 粒，排成单行卵块，每雌产卵几十粒至 300 多粒。若虫喜栖息在

图 8　黑尾叶蝉成虫为害状（2）

植株下部或叶片背面取食，有群集性，3~4龄若虫尤其活跃，受害严重的植株枯萎。10月开始回迁稻田周围杂草丛中越冬。主要天敌有褐腰赤眼蜂、捕食性蜘蛛等。

防治措施

1. 农业防治

各种绿肥田翻耕前或早晚稻收割时，铲除田边、沟边杂草，减少越冬虫源；栽种抗、耐虫水稻品种。

2. 生物防治

放鸭啄食，撒施白僵菌粉。

3. 物理防治

成虫盛发期利用频振式杀虫灯诱杀。

4. 化学防治

重点对秧田、本田初期和稻田边行进行化学防治，病毒病流行地区要做到灭虫在传毒之前。施药应掌握在2、3龄若虫期进行。可亩用10% 吡虫啉可湿性粉剂2 500倍液，或2.5% 保得乳油2 000倍液，或20% 叶蝉散乳油500倍液，或18% 杀虫双水剂500倍液等药剂，均匀喷雾。

十、　稻赤斑黑沫蝉

分布与为害

　　稻赤斑黑沫蝉别名赤斑沫蝉、稻沫蝉,俗称雷火虫。在浙江、江西、湖南、湖北、四川、贵州、福建、广东、广西、云南等地,向北至河南信阳都有分布。主要为害水稻,也影响高粱、玉米、粟、甘蔗、油菜等农作物。水稻的为害部位主要是剑叶,成虫刺吸叶部汁液,初出现黄色斑点,叶尖先变红,初期多在主脉和叶缘之间形成棱形斑(图1),后全叶逐渐枯黄,呈土红色。孕穗前受害,常不易抽穗,孕穗后受害致穗形短小、秕粒多。

图1　稻赤斑黑沫蝉为害造成土红色棱形斑

形态特征

　　成虫形似蝉。体长11~13.5 mm,黑色狭长,有光泽,前翅合拢时两侧近平行。头冠稍凸,复眼黑褐色,单眼黄红色。颜面凸出,密被黑色细毛,中脊明显。触角基部2节粗短,黑色。足长,前足腿节特别长。小盾片三角形,中部有一明显的棱形凹斑。前翅乌黑,较平展,近基部具大白斑2个,雄性近端部具肾状大红斑1个,雌性具一大一小共 2 个红斑 (图 2)。

卵长椭圆形，乳白色。

若虫共 5 龄，形状似成虫，初乳白色，后变浅黑色，体表四周具泡沫状液。

发生规律

本虫在河南、四川、江西、贵州、云南等省 1 年生 1 代，以卵在田埂杂草根际或裂缝的 3~10 cm 处越冬。翌年 5 月中旬至下旬孵化为若虫，在土中吸食草根

图 2　稻赤斑黑沫蝉成虫

汁液，2 龄后渐向上移。若虫常从肛门处排出体液，放出或排出的空气吹成泡沫，遮住身体进行自我保护，羽化前爬至土表。6 月中旬羽化为成虫，羽化后 3~4 h 即可为害水稻、高粱或玉米，7 月受害重，8 月以后成虫数量减少，11 月下旬终见。每雌产卵 164~228 粒。卵期 10~11 个月，若虫期 21~35 d，成虫寿命 11~41 d。一般分散活动，早、晚多在稻田取食，遇有高温强光则藏在杂草丛中，大发生时傍晚在田间成群飞翔。一般田边受害较田中心重。

防治措施

1. 农业防治

在水稻收割后铲除田间和田边杂草，翌年 3~4 月再除草 1 次，每亩用 50% 辛硫磷乳油 100~150 mL 等药剂对水喷洒，可有效消除越冬卵和翌年早期孵化尚未出土的若虫。

2. 生物防治

保护和利用蜻蜓、豆娘、蜘蛛等天敌，发挥天敌的自然控制作用。

3. 化学防治

对本虫应统防统治，普治 2~3 次。施药时应从四周向中间进行。

可亩用 10% 吡虫啉可湿性粉剂 2 500 倍液，或 2.5% 保得乳油 2 000 倍液，或 20% 叶蝉散乳油 500 倍液，或 18% 杀虫双水剂 500 倍液等药剂，均匀喷雾。

十一、　稻眼蝶

　　稻眼蝶是一种水稻常见害虫,别名黄褐蛇目蝶、日月蝶、蛇目蝶、短角眼蝶,在我国河南、陕西以南,四川、云南以东各省均有分布。寄主主要有稻、茭白、甘蔗、竹子等。幼虫为害时沿叶缘取食叶片成不规则缺刻,严重时整丛叶片均被吃光,影响水稻等生长发育。

形态特征

1. 成虫

　　成虫体长 15~17 mm,翅展 41~52 mm,翅面暗褐至黑褐色,背面灰黄色;前翅正反面第 3、6 室各具 2 块一大一小的黑色蛇眼状圆斑,前小后大,后翅反面具 2 组各 3 个蛇眼圆斑(图 1)。

图 1　稻眼蝶成虫

2. 卵和幼虫

卵馒头形，大小 0.8~0.9 mm，米黄色，表面有微细网纹，孵化前转为褐色。幼虫初孵时 2~3 mm，浅白色，老熟后体长约 32 mm，老熟幼虫草绿色，纺锤形，头部具角状突起 1 对，腹末具尾角 1 对（图 2、图 3）。

3. 蛹

蛹长约 15 mm，初绿色，后变灰褐色，腹背隆起呈弓状。腹部第 1~4 节背面各具一对白点，胸背中央突起呈棱角状。

图2　稻眼蝶幼虫（1）

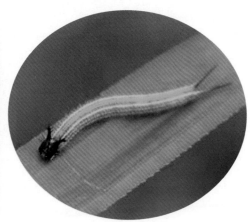

图3　稻眼蝶幼虫（2）

发生规律

浙江、福建年生 4~5 代，华南年生 5~6 代，世代重叠，以蛹或末龄幼虫在稻田、河边、沟边及山间杂草上越冬。成虫羽化多在 6~15 时，白天飞舞在花丛或竹园四周，晚间静伏在杂草丛中，经 5~10 d 补充营养交尾后次日把卵散产在叶背或叶面，产卵期多于 30 d，每雌可产卵 96~166 粒，初孵幼虫先吃卵壳，后取食叶缘，3 龄后食量大增。6~7 月 1~2 代幼虫为害中稻，8~9 月 3~4 代为害晚稻较为严重。老熟幼虫经 1~3 d 不食不动，便吐丝黏着叶背倒挂卷曲化蛹。天敌有弄蝶绒茧蜂、螟蛉绒茧蜂、广大腿小蜂及步甲、猎蝽等。

防治措施

1. 农业防治

铲除田边、沟边、塘边杂草，压低越冬幼虫基数。

2. 生物防治

放鸭啄食；注意保护利用天敌，如稻螟赤眼蜂、弄蝶绒茧蜂、螟蛉绒茧蜂、广大腿小蜂、广黑点瘤姬蜂、步甲、猎蝽和蜘蛛等。

3. 物理防治

利用幼虫假死性，振落后捕杀。

4. 化学防治

掌握在幼虫 3 龄前用药。可选用 90% 敌百虫晶体或 50% 杀螟松乳油 800~1 000 倍液，或用 10% 多来宝 1 500 倍液喷雾。

十二、　稻黑蝽

分布与为害

　　稻黑蝽主要分布在河北南部、山东和江苏北部，以及长江以南各省（区）。稻黑蝽主要为害水稻，也为害小麦、粟、玉米、甘蔗、豆类、马铃薯、柑橘等。成虫、若虫刺吸稻茎、叶和穗部汁液，受害处产生黄斑，严重的分蘖和发育受抑，造成全株枯死。近几年随农田生态环境变化，作物布局的改变，本虫为害逐年加重。

形态特征

1. 成虫

　　成虫体长 8.5~10 mm，宽 4.5~5 mm，长椭圆形，黑褐色至黑色，头中叶与侧叶长相等，复眼突出，喙可达后足基节间。前胸背板前角刺向侧方平伸。小盾片舌形，末端稍内凹或平截，长几达腹部末端，两侧缘在中部稍前处内弯（图 1）。

图 1　稻黑蝽成虫

2. 卵

　　卵近短筒形，红褐色，大小 0.9 mm × 0.8 mm，假卵块圆突，四周有小齿状的呼吸精孔突 40~50 枚；卵壳网状纹上具小刻点，被有白粉。

3. 若虫

　　1 龄若虫头胸褐色，腹部黄褐色或紫红色，节缝红色，腹背具红褐斑，体长 1.3 mm。3 龄若虫暗褐色至灰褐色，腹部散生红褐色小点，前翅芽稍露，体长 3.3 mm。5 龄若虫头部、胸部浅黑色，腹部稍带绿色，后翅芽明显，体长 7.5~8.5 mm。

发生规律

江苏、浙江 1 年发生 1 代，江西 1 年发生 2 代，广东 1 年发生 2~3 代。以成虫及少数高龄若虫在石块下、土缝内 5~10 cm 处，或杂草根际、稻茬间、树皮缝等处越冬。翌年初夏出蛰，群集在水稻上为害。7 月中旬是产卵盛期，成虫把卵聚产在稻株距水面 6~9 cm 处的叶鞘上，也有少数产在稻叶上，卵块多为 14 粒，排成 2 行，每雌产卵 75 粒。成虫、若虫喜在晴朗的白天潜伏在稻丛基部近水面处，傍晚或阴天上到叶片或穗部吸食。生长旺盛、叶色浓绿的早播田，施肥多、密植、丘陵、山区垄田，发生较重。

防治措施

1. 农业防治

结合积肥，铲除田边、沟边、路边杂草；栽秧前，及时沤田，田埂三面用稀泥糊平，能有效减少虫源；利用成虫把卵产在近水面稻茎上和卵在水中浸泡 24 h 即不能孵化的特点，在产卵期先适当排水，降低产卵位置，然后灌水浸泡 24 h，隔 3~4 d 再排灌 1 次，连续进行 4~5 次可杀死大量卵块。

2. 生物防治

稻田养鸭可有效控制稻黑蝽的为害；注意保护利用稻蝽黑卵蜂、白僵菌、蜘蛛、青蛙等天敌。

3. 化学防治

水稻移栽返青后和 1 代稻黑蝽低龄若虫峰期，各进行 1 次药剂防治。可亩用 40% 毒死蜱乳油 2 000 倍液，或 90% 敌百虫晶体 800 倍液；也可使用 10% 吡虫啉可湿性粉剂 2 000 倍液，见效虽然较慢，但持效期长达 25~30 d。

十三、稻绿蝽

分布与为害

　　稻绿蝽分布在中国东部吉林以南地区。为害对象广泛，包括水稻、玉米、花生、小麦、棉花、豆类、十字花科蔬菜、芝麻、花卉、果树等作物。对水稻的为害主要是成虫和若虫吸食幼穗和叶部汁液，造成秕谷和瘪谷，影响作物产量。

形态特征

1. 成虫

　　成虫全绿型。体长 12~16 mm，宽 6~8.5 mm。长椭圆形，青绿色（越冬成虫暗赤褐色），腹下色较淡。头近三角形，触角 5 节，基节黄绿色，第 3、4、5 节末端棕褐色，复眼黑色，单眼红色。喙 4 节，伸达后足基节，末端黑色。前胸背板边缘黄白色，侧角圆，稍突出，小盾片长三角形，基部有 3 个横列的小白点，末端狭圆，超过腹部中央。前翅稍长于腹末。足绿色，跗节 3 节，灰褐色，爪末端黑。腹下黄绿或淡绿色，密布黄色斑点（图 1）。

图 1　稻绿蝽成虫

2. 卵

卵杯形，长 1.2 mm，宽 0.8 mm，初产黄白色，后转红褐色，顶端有盖，周缘白色，精孔突呈环状，有 24~30 个。

3. 若虫

1 龄若虫体长 1.1~1.4 mm，腹背中央有 3 块排成三角形的黑色斑，后期黄褐色，胸部有 1 块橙黄色圆斑，第 2 腹节有 1 块长形白斑，第 5、6 腹节近中央两侧各有 4 块黄色斑，排成梯形。2 龄若虫体长 2.0~2.2 mm，黑色，前、中胸背板两侧各有 1 块色斑。3 龄若虫体长 4~4.2 mm，黑色，第 1、2 腹节背面有 4 块长形的横向白色斑，第 3 腹节至末节背板两侧各具 6 块，中央两侧各具 4 块对称的白色斑。4 龄若虫体长 5.2~7 mm，头部有倒"T"形黑斑，翅芽明显。5 龄若虫体长 7.5~12 mm，绿色为主，触角 4 节，单眼出现，翅芽伸达第 3 腹节，前胸与翅芽散生黑色斑点，外缘橙红，腹部边缘具半圆形红色斑，中央也具红色斑，足赤褐色，跗节黑色（图 2、图 3）。

图 2　稻绿蝽若虫　　　　图 3　稻绿蝽若虫放大

发生规律

北方地区 1 年发生 1 代，四川、江西 1 年发生 3 代，广东 1 年发生 4 代，少数 5 代。以成虫在杂草、土缝、灌木丛中越冬。卵的发育起点温度为 12.2 ℃，若虫为 11.6 ℃。卵成块产于寄主叶片上，规则地排成 3~9 行，每块 60~70 粒。初孵若虫聚集在卵壳周围，2、3 龄若虫仍多聚集为害，4 龄后开始分散取食。经 50~65 d 变为成虫。成虫有强烈的趋光性，尤喜趋黑光灯。成虫和若虫一样，均有遇惊下坠的习性。每年橘园稻绿蝽大发生，与夏、秋两季水稻收割后在稻田为害的成虫向橘园飞迁有关。此时大量稻绿蝽集于橘园吸食果汁，对鲜果品质影响极大，降低了商品价值。

防治措施

1. 农业防治
冬、春季，结合积肥，铲除田边杂草，减少越冬虫源。

2. 生物防治
保护和利用天敌，特别是寄生于卵的跳小蜂。

3. 物理防治
利用频振式杀虫灯诱杀成虫。

4. 化学防治
在若虫盛发高峰期，若虫群集在卵壳附近尚未分散时用药。可选用 90％敌百虫晶体 800 倍液喷雾，有良好的效果；也可选用 50％辛硫磷乳油 1 000 倍液等药剂喷雾防治。

十四、 稻棘缘蝽

分布与为害

稻棘缘蝽分布在湖南、湖北、广东、云南、贵州、西藏等。寄主为水稻、麦类、玉米、粟、棉花、大豆、柑橘、茶、高粱等。喜聚集在稻、麦的穗上吸食汁液，造成秕粒。

形态特征

1. 成虫

体长 9.5 ~ 11 mm，宽 2.8 ~ 3.5 mm，体黄褐色，狭长，刻点密布。头顶中央具短纵沟，头顶及前胸背板前缘具黑色小粒点，触角第 1 节较粗，长于第 3 节，第 4 节纺锤形。复眼褐红色，单眼红色。前胸背板多为一色，侧角细长，稍向上翘，末端黑（图 1）。

2. 卵

长 1.5 mm，似杏核，全体具珠泽，表面生有细密的六角形网纹，卵底中央具 1 圆形浅凹。

3. 若虫

共 5 龄，3 龄前长椭圆形，4 龄后长梭形。5 龄体长 8 ~ 9.1 mm，宽 3.1 ~ 3.4 mm，黄褐色带绿，

图 1　稻棘缘蝽成虫

腹部具红色毛点，前胸背板侧角明显生出，前翅芽伸达第 4 腹节前缘。

发生规律

　　湖北 1 年生 2 代，江西、浙江 3 代，以成虫在杂草根际处越冬，江西越冬成虫 3 月下旬出现，4 月下旬至 6 月中下旬产卵。第 1 代若虫 5 月上旬至 6 月底孵出，6 月上旬至 7 月下旬羽化，6 月中下旬开始产卵。第 2 代若虫于 6 月下旬至 7 月上旬始孵化，8 月初羽化，8 月中旬产卵。第 3 代若虫 8 月下旬孵化，9 月至翌年 2 月上旬羽化，11 月中旬至 12 月中旬逐渐蛰伏越冬。广东、云南、广西南部无越冬现象。羽化后的成虫 7d 后在上午 10 时前交配，交配后 4 ~ 5d 把卵产在寄主的茎、叶或穗上，多散生在叶面上，也有 2 ~ 7 粒排成纵列。早熟或晚熟生长茂盛稻田易受害，近塘边、山边及与其他禾本科、豆科作物近的稻田受害重（图 2）。

图 2　稻棘缘蝽成虫为害稻穗

防治措施

1. 农业防治

冬、春季，结合积肥，铲除田边杂草，减少越冬虫源。

2. 生物防治

保护和利用天敌，特别是寄生于卵的跳小蜂。

3. 物理防治

利用频振式杀虫灯诱杀成虫。

4. 化学防治

在若虫盛发高峰期，若虫群集在卵壳附近尚未分散时用药。可选用 90% 敌百虫晶体 800 倍液喷雾，有良好的效果；也可选用 50% 辛硫磷乳油 1 000 倍液等药剂喷雾防治。

十五、　稻水象甲

分布与为害

　　稻水象甲别名稻水象、稻根象等。1986 年我国将其定为对外检疫对象，1988 年在河北省唐海县（今唐山市曹妃甸区）首次发现。目前稻水象甲在我国吉林、北京、辽宁、天津、河北、山东、浙江、江苏、安徽、福建、陕西、湖南、湖北、河南、四川、贵州、广东、广西及台湾等地有不同程度的发生。稻水象甲主要为害水稻，成虫为害叶片，沿叶脉纵向啃食稻叶，残存一层表皮。在禾本科和莎草科植物上造成白色长条斑，久而呈条状破裂。长条白斑的长度一般不超过 3 cm，宽度 1 mm（图 1、图 2）。幼虫共分 4 个龄期，1~2 龄幼虫钻根，3~4 龄幼虫切根，使水稻有效分蘖减少，导致植株生长缓慢，植株矮小，穗数、穗粒数减少，严重时引起植株倒伏、成熟期推迟和减产（图 3、图 4）。被幼虫为害的稻丛根系变少变短，呈黄褐色；幼虫较多时，几无白色

图 1　稻水象甲叶片为害状（1）

图 2　稻水象甲叶片为害状（2）

图3 稻水象甲幼虫大田为害状（1）

图4 稻水象甲幼虫大田为害状（2）

根，整个根系呈平刷状，稻丛很易拔起。本虫为害植物范围以禾本科和莎草科为主，成虫可为害水旱田植物10科65种，幼虫可为害生长于水田的5科20种植物（图5）。

图5 稻水象甲在杂草寄主上取食

形态特征

1. 成虫

成虫体长2.6~3.8 mm，新羽化成虫深黄色，具金属光泽。体壁褐色，密布相互连接的灰色鳞片。前胸背板和鞘翅的中区无鳞片，呈大口瓶状暗褐色斑。喙端部和腹面触角沟两侧，头和前胸背板基部，眼四周前、中、后足基节基部，腹部第3、4节的腹面，以及腹部的末端被黄色圆形鳞片。喙和前胸背板约等长，两侧边近于直，只前端略收缩。鞘翅明显具肩，肩斜。翅端平截或稍凹陷，行纹细不明显，每行间被至少3行鳞片，第1、3、5、7行中部之后上有瘤突。腿节棒形不具齿。胫节细长弯曲，中足胫节两侧各有一排长的游泳毛（图6~8）。雄虫后足胫节无前锐突，锐突短而粗，深裂呈两叉形。雌虫的锐突单个的长而尖，有前锐突。

图6 稻水象甲成虫（1）

图7 稻水象甲成虫（2）

2. 卵

肉眼或用放大镜观察卵以香蕉形、圆柱形居多，少数呈棒状、短杆状，在水稻叶鞘内侧组织沿叶脉方向纵排，分散，其他部位分布较少。初产为无色至乳白色，至孵化时变黄色且多呈圆柱形。

3. 幼虫

幼虫体长8~10 mm，白色，无足。头部褐色。体呈新月形。

图8 稻水象甲成虫群集为害

腹部第2~7节背面有成对向前伸的钩状呼吸管，气门位于管中。幼虫分为4龄，1、2龄幼虫较细小，足突不明显，且1龄幼虫在根部极少见；3、4龄幼虫较大，足突明显；而4龄幼虫长宽比小，显得肥胖或粗壮（图9~11）。

4. 蛹

土茧着生于稻根中部或被咬断的稻根末端，单生，或2~6个着生于稻根某一位置附近。茧壁泥质，质地较硬。茧椭球形或卵球形（图12）。茧内预蛹或蛹头部向根侧居多，极少数向外，预蛹或蛹乳白色，至羽化时，蛹浅黄色。

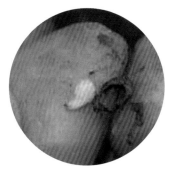

图 9　稻水象甲幼虫（1）

图 10　稻水象甲幼虫（2）

图 11　稻水象甲幼虫（3）

图 12　稻水象甲虫茧

发生规律

　　稻水象甲适应性广、繁殖力强、为害性大。本虫在我国北方稻区1年发生1代，南方稻区1年可发生2~3代。成虫主要在稻田周围的山坡、荒地、农渠、林带、路旁等场所的枯枝落叶下、土块下、土缝中及浮土中等处越冬，少量在稻草及稻田根茬间越冬，此外还可在稻种中越冬，但存活率很低。越冬代成虫在春季气温达10 ℃左右时开始复苏活动。成虫复苏活动后首先取食稻田周围的芦苇、白茅、假稻、假牛鞭草等杂草叶片，5月上中旬为取食杂草盛期，植株叶片上会有明显的食痕。邻近的玉米苗此时往往严重受害。5月中下旬成虫大量向有水处转移，侵入稻田继续啃食水稻叶片，一般以田块的边缘处虫量大。成虫产卵于水面下的水稻叶鞘组织和根组织中。卵经 7 d 后孵化入土到地下为害。低龄幼虫蛀食稻根，大龄幼虫咬食稻根。6月下旬至 7 月上旬达幼虫为害盛期，根系被蛀食，刮风时植株易倾倒，甚至被风拔起浮在水面上。幼虫发育期为 30~45 d。老熟幼虫以土茧化蛹。土茧光滑呈卵圆形，黏附于稻根上，约 10 d 后羽化出新一代成虫。7月中下旬为羽化出土盛期。成虫回到地上继续为害植物叶片一段时间。稗草和发育晚的稻苗，此时受成虫为害较为明显，很少量的成虫在有水的渠沟稗草等杂草上可继续繁育2代，而大部分成虫8月后陆续转移至稻田周围的农渠、林带等场所准备越冬。稻水象甲成虫有明显的趋光性和季节性迁飞习性。成虫几乎昼夜都活动，但以 6~11 时和 16~19 时最为活跃。稻田成虫以爬行、游水为主，很少飞行。晴天的早晨和黄昏，成虫多在叶尖和植株顶部向阳一侧聚集。阴雨天活动性较差。6月的成虫多在叶面进行取食活动，中午前后，一般沿植株爬入水中，或伏于水层表面附近，或因"风吹草动"便"假死"坠入水中，在水表或水层内游动。8月以后，稻田的稻水象甲新生成虫便没有了游水及在晨昏时间集中于植株冠部活动的特点，而主要在植株中下部活动，取食矮小分蘖的嫩叶。稻水象甲以取食水稻为主完成其生活史，对水稻品种几乎无选择性。在不同长势和不同栽培方式的稻田中发生程度有所不同，如插秧早、返青慢、生长不良的稻田，稻水象甲的成虫、卵和幼虫的数量均较大，成虫对黄绿色稻株具有趋向性；生长不良、枯黄叶鞘较多的植株，则有利于其产卵。稻水象甲成虫在抛秧田产卵较少，抛秧田对幼虫发育不利。

防治措施

1. 检疫措施

加强水稻种子基地产地检疫；严禁从发生区不经检疫调运稻谷、秧苗、稻草及其制品；加强对成虫活动期间来自发生区的交通工具等的检疫检查等。

2. 农业防治

调整种植期，适期晚插秧；加强水、肥管理，适当浅水栽培；水稻收割后，稻草实行灭虫处理，铲除稻田周边杂草。

3. 物理防治

可在田间设置太阳能频振式杀虫灯或黑光灯等诱杀稻水象甲成虫。

4. 生物防治

保护捕食性天敌，如稻田、沼泽地栖息鸟类、蛙类、淡水鱼类、结网型和游猎型蜘蛛、步甲等天敌；应用生物农药如绿僵菌、白僵菌等防治稻水象甲成虫。

5. 化学防治

化学防治以防治越冬代成虫为主，兼治1代幼虫和1代成虫。

（1）种子处理：利用种衣剂对种子进行处理，减少成虫对秧苗为害。可选用35%丁硫克百威（好年冬）种子处理干粉剂25~30 g与1 kg催芽露白的稻种混匀拌种；也可选用60%吡虫啉（高巧）悬浮种衣剂20~25 mL，加水20 mL对1 kg催芽露白的稻种混匀拌种。拌种后需摊开阴干后再播种。

（2）秧田、大田时期：

1）越冬代成虫的防治：在水稻育秧、插秧至分蘖期，越冬代成虫迁入稻田未大量产卵前，发现成虫为害状，立即进行越冬代成虫防治，兼治1代螟虫。这一时期是防治的最关键时期。稻田越冬代成虫高峰期一般在5月下旬至6月上中旬。每亩可选用40%氯虫苯甲酰胺·噻虫嗪（福弋）水分散粒剂8~10 g，或20%丁硫克百威（好年冬）乳油50 mL，或25%噻虫嗪（阿克泰）水分散粒剂8 g，或20%氯虫苯酰胺（康宽）悬乳剂50 mL，或48%毒死蜱乳油80~100 mL，或20%阿维·三唑磷50~70 mL等药剂，对水40~50 kg，均匀喷雾。喷药后24 h内遇雨应重新喷药。防治要全面，稻田及田埂杂草都要喷药。

2）第1代幼虫的防治：水稻移栽后7~10 d至孕穗期，越冬代成虫高峰期后3~8 d，发现水稻出现明显的叶片发黄、弱苗、僵苗、浮秧、坐蔸、烂根或整株枯死等现象，拔出根部见幼虫，应立即施药防治。第1代幼虫高峰期一般在6月下旬至7月上旬。每亩用5%丁硫克百威（好年冬）颗粒剂2~3 kg，拌细泥土20 kg均匀撒施水田，撒毒土前保持水深 4 cm，处理后 7 d 不排水。

　　3）第 1 代成虫的防治：7 月下旬至 8 月上旬为新 1 代成虫高峰期。水稻收获后，要深翻或焚烧根茬，清除水田周围林带内、田埂、沟渠、路旁等越冬场所的所有杂草，必要时喷药防治。使用药剂同越冬代成虫防治用药。要注意农药的交替使用，避免抗药性发生。

十六、 稻象甲

　　稻象甲别名稻象。分布在我国北起黑龙江，南至广东、海南，西抵陕西、甘肃、四川和云南，东达沿海各地和台湾。寄主为稻、瓜类、番茄、大豆、棉花，成虫偶食麦类、玉米和油菜等。成虫以管状喙咬食秧苗茎叶，被害心叶抽出后，为害较轻的呈现一横排小孔，为害较重的秧叶折断，飘浮于水面。幼虫食害稻株幼嫩须根，致叶尖发黄，生长不良。严重时不能抽穗，或造成秕谷，甚至成片枯死。（图1、图2）。

图1　稻象甲为害稻叶造成的整
　　　齐空洞

图2　稻象甲田间为害状

1. 成虫

成虫体长约 5 mm，体灰黑色，密被灰黄色细鳞毛，头部延伸成稍向下弯的喙管，口器着生在喙管的末端，触角端部稍膨大，黑褐色。鞘翅上各具 10 条细纵沟，内侧 3 条色稍深，且在 2~3 条细纵沟之间的后方，具 1 块长方形白色小斑 (图 3)。

图 3　稻象甲成虫

2. 卵

卵椭圆形，长 0.6~0.9 mm，初产时乳白色，后变为淡黄色半透明而有光泽。

3. 幼虫

末龄幼虫体长 9 mm 左右，头褐色，体乳白色，肥壮多皱纹，弯向腹面，无足。

4. 蛹

蛹长约 5 mm，腹面多细皱纹，末节具 1 对肉刺，初白色，后变灰色。

发生规律

浙江 1 年发生 1 代；江西、贵州等地部分 1 年发生 1 代，多为 2 代；广东 1 年发生 2 代。1 代区以成虫越冬，1、2 代交叉区和 2 代区也以成虫为主，幼虫也能越冬，个别以蛹越冬。幼虫、蛹多在土表 3~6 cm 深处的根际越冬，成虫常蛰伏在田埂、地边杂草落叶下越冬。江苏南部地区越冬成虫于翌年 5~6 月产卵，10 月间羽化。江西越冬成虫则于翌年 5 月上中旬产卵，5 月下旬第 1 代幼虫孵化，7 月中旬至 8 月中下旬羽化。第 2 代幼虫于 7 月底至 8 月上中旬孵化，部分于 10 月化蛹或羽化后越冬。一般在早稻返青期为害最重。第 1 代约 2 个月，第 2 代长达 8 个月，卵期 5~6 d，第 1 代幼虫 60~70 d，越冬代的幼虫期则长达 6~7 个月。第 1 代蛹期 6~10 d，成虫早晚活动，白天躲在秧田或稻丛基部株间或田埂的草丛中，有假死性和趋光性。产卵前先在离水面3 cm 左右的稻茎或叶鞘上咬 1 个小孔，每孔产卵 13~20 粒；幼虫喜聚集在土下，食害幼嫩稻根，老熟后在稻根附近土下 3~7 cm 处筑土室化蛹。通气性好，含水量较低的沙壤田、干燥田、旱秧田易受害。春暖多雨，利其化蛹和羽化，早稻分蘖期多雨利于成虫产卵。

年发生 1~2 代的地区，一般在单季稻区发生 1 代，双季稻或单、双季混栽区发生两代。以成虫在稻茬周围、土隙中越冬为主，也有在田埂、沟边草丛松土中越冬，少数以幼虫成蛹在稻茬附近土下 3~6 cm 深处做土室越冬。成虫有趋光性和假死性，善游水，好攀登。卵产于稻株近水面 3 cm 左右处，成虫在稻株上咬 1 个小孔产卵，每处 3~20 粒不等。幼虫孵出后，在叶鞘内短暂停留取食后，沿稻茎钻入土中，一般都群聚在土下深 2~3 cm 处，取食水稻的幼嫩须根和腐殖质，一丛稻根处多的有虫几十条发生为害。其数量丘陵、半山区比平原多，通气性好、含水量较低的沙壤田、干燥田、旱秧田易受害。春暖多雨，利其化蛹和羽化，早稻分蘖期多雨利于成虫产卵。

防治措施

1. 农业防治

注意铲除田边、沟边杂草，春耕沤田时多耕多耙，使土中蛰伏的成、幼虫浮于水面上，之后捞起深埋或烧毁；可结合耕田，排干田水，然后撒石灰或茶子饼粉 40~50 kg，可杀死大量虫口。

2. 物理防治

利用成虫喜食甜食的习性，用糖醋稻草把、南瓜片、山芋片等诱捕成虫，还可以在成虫盛发期，用黑光灯诱杀，效果较好。

3. 化学防治

在稻象甲为害严重的地区，已见稻叶受害时，可用 20% 三唑磷乳油 1 000 倍液喷雾，效果较好，也可使用 50% 杀螟松乳油 800 倍液或 90% 敌百虫晶体 600 倍液喷雾。

十七、　蚜虫

分布与为害

　　水稻田蚜虫分布在我国各麦区及部分稻区。除麦长管蚜外，还有其他几种蚜虫。寄主为水稻、小麦等作物。成虫、若虫刺吸水稻茎叶、嫩穗，不仅影响生长发育，还分泌蜜露引起煤污病，影响光合作用和千粒重。发生严重的可造成水稻减产20%~30%（图1、图2）。

图1　蚜虫在水稻上刺吸为害造成的白斑点　　　　图2　蚜虫在水稻上为害

形态特征

无翅孤雌蚜体长 3.1 mm，宽 1.4 mm，长卵形，草绿色至橙红色，头部略显灰色，腹侧具灰绿色斑。触角、喙端节、腹管黑色。尾片色浅。腹部第 6~8 节及腹面具横网纹，无缘瘤。中胸腹岔短柄。额瘤显著外倾。触角（1 和 2 龄若蚜触角均为 5 节，3~4 龄若蚜和成蚜触角均为 6 节）细长，全长不及体长，第 3 节基部具 1~4 个次生感觉圈。喙粗大，超过中足基节。端节圆锥形，是基宽的 1.8 倍。腹管长圆筒形，长为体长的 1/4，在端部有网纹十几行。尾片长圆锥形，长为腹管的 1/2，有 6~8 根曲毛。有翅孤雌蚜体长 3.0 mm，椭圆形，绿色，触角黑色，第 3 节有 8~12 个感觉圈排成一行。喙不达中足基节。腹管长圆筒形，黑色，端部具 15~16 行横行网纹，尾片长圆锥状，有 8~9 根毛（图 3）。

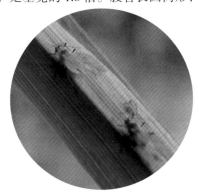

图 3　蚜虫

发生规律

麦长管蚜在长江以南以无翅胎生成蚜和若蚜于麦株心叶或叶鞘内侧及早熟禾、看麦娘、狗尾草等杂草上越冬，无明显休眠现象，气温高时，仍见蚜虫在叶面上取食。浙江越冬蚜于翌年 3~4 月、气温 10 ℃以上时开始活动和取食及繁殖，在麦株下部或杂草丛中蛰伏的蚜虫迁至麦株上为害，大量繁殖无翅胎生蚜，到 5 月上旬虫口达到高峰，严重为害小麦和大麦；5 月中旬后，小麦、大麦逐渐成熟，蚜虫开始迁至早稻田，早稻进入分蘖阶段，为害较大，并在水稻上繁殖无翅胎生蚜，进入梅雨季节后，虫量开始减少，大多产生有翅胎生蚜迁至河边、山边及稗草、马唐、茭白、玉米、高粱上栖息或取食，此后出现高温干旱，则进入越夏阶段。9~10 月天气转凉，杂草开始衰老，这时晚稻正处在旺盛生长阶段，最适麦长管蚜取食为害，因此晚稻常遭受严重为害，大发生时，有些田块，每穗蚜虫数可高达数百头。晚稻黄熟后，虫口下降，大多产生有翅胎生蚜，迁到麦田及杂草上取食或蛰伏越冬。

防治措施

1. 农业防治

注意清除田间、地边杂草，尤其夏秋两季除草，对减轻晚稻蚜虫为害具重要作用；加强稻田管理，使水稻及时抽穗、扬花、灌浆，提早成熟，可减轻蚜害。

2. 生物防治

减少或改进施药方法，避免杀伤麦田天敌，充分利用瓢虫、食蚜蝇、草蛉、蚜茧蜂等天敌控制蚜虫。

3. 化学防治

当蚜株率达 10%~15%，每株有蚜虫 5 头以上时，及时防治。可亩用 70% 艾美乐可湿性粉剂 2 g，或 25% 阿克泰水分散粒剂 4~6 g，或 2.5% 敌杀死乳油 20~30 mL，对水 50 L 喷雾。